序

《紀律部隊試前速查》是專為投考紀律部隊人士而設的必讀天書。書中收錄了本港五大紀律部隊（消防處，懲教署、海關、入境事務處及警務處）的重點知識及有用數據，內容全面實用，敘述簡明扼要，完全突出了「實用」和「速查」兩大優點。

本書除了方便投考人士誦讀外，更可用作試前「最後衝刺」的備考工具，務求幫助你在最短的時間內，找到最需要的知識，故本書絕對是有意投身紀律部隊「鐵飯碗」行列的人士，最不可缺少的參考書籍。

CONTENT 目錄

CHAPTER 02
懲教

CHAPTER 03
海關

CONTENT 目錄

CHAPTER 04
入境

CHAPTER 05
警察

消防
救護

1. 關於香港消防處
Hong Kong Fire Services Department，簡稱HKFSD

1. 保安局轄下編制第二大的紀律部隊

2. 於1868年成立

3. 專門負責消防、救援，並提供緊急救護服務

4. 編制：

    － 各級消防及救護人員數目：9,515名

    － 文職人員：725名，當中包括9名女性消防隊長（行動組）和13名女性消防隊長（控制組）。

5. 現任處長：李建日

6. 現任副處長：梁偉雄

7. 總部地址：尖東康莊道1號

8. 2016年接報數字：

    －38,112宗火警召喚（當中三級或以上的火警有9宗）

    －34,148宗樓宇火警召喚

    －36,593宗特別服務召喚

    －41,863次先遣急救服務

    －373,266次防火巡查

    －773,322宗救護召喚

消防處徽章

1. 頂部的洋紫荊圖案：代表香港特別行政區

2. 兩旁的禾穗圖案：一般紀律部隊都會選用的設計

3. 「香港」和「消防」的中、英文字體：標明所屬的紀律部隊

4. 中心的工具斧頭圖案和火把圖案：形象化地表示消防處的工作性質

2. 理念、使命及信念

1. 理想：

- 為市民服務，令香港成為安居樂業的地方。

2. 使命：

- 保障生命財產免受火災或其他災難侵害
- 提供有關防火措施及火警危險的意見
- 教育市民，並提高公眾的消防安全意識
- 為傷病者提供急救護理及運送往醫院的服務

3. 信念：

- 保持高度廉潔正直
- 發揮專業精神、精益求精
- 致力提供優質服務
- 時刻準備面對挑戰、勇於承擔責任
- 維持良好士氣和團隊精神

3. 主要職責

1. 滅火：

- 迅速處理火警召喚
- 有效地執行陸上及海上的滅火工作

2. 救援服務：

- 提供快捷有效的海陸救援服務

3. 防火：

- 向市民提供有關防火措施的意見
- 提高市民的消防安全意識
- 執行消防法例
- 處理牌照審批事宜

4. 緊急救護服務：

- 迅速處理救護召喚
- 提供快捷、有效和先進的緊急救護服務

4. 服務承諾

1. 在6分鐘內抵達樓宇密集地區處理火警召喚,並在9至23分鐘內抵達樓宇分散及偏遠地區處理同類召喚。

2. 救護車在接到緊急救護召喚後12分鐘內抵達現場街道的地址。

3. 處方成立的公眾聯絡小組,由30位市民組成,小組會定期開會,就消防處的消防和緊急救護服務方面的表現提出意見,並建議如何改善服務。

4. 在接到有關要求後,於21個工作天內發出曾經處理的火警或災難事故的報告,或樓宇、船隻或其他財產因火警而損毀的事故報告。

5. 在接到有關迫切的火警危險或危險品(石油氣除外)的投訴後,於24小時內調查,調查結果會在12個工作天內告知投訴人。至於非迫切的火警危險投訴,本處會在10個工作天內展開調查,調查結果會在27個工作天內告知投訴人。

6. 在2016年,消防處的主要目標如下:
   － 繼續加強為前線消防人員提供的真火及救援訓練
   － 繼續監察港珠澳大橋口岸新消防局的發展計劃。
   － 繼續監察購置一艘滅火輪以取代七號滅火輪的進度,並計劃購置另一艘滅火輪和一艘快速救援船,用以加強海岸水域的滅火、處理傷者及救援能力。

- 監察蓮塘／香園圍口岸一間設有救護設施的新消防局的建設工程

- 繼續加強樓面面積逾230平方米的訂明商業處所、指明商業建築物、綜合用途樓宇，以及住宅樓宇的防火措施。

- 繼續為《危險品條例》（第295章）餘下的附屬法例擬備修訂建議，以加強對危險品的管制。

- 繼續檢討消防裝置承辦商註冊制度的法例規定

- 繼續就樓宇及持牌處所引入第三方參與消防安全審批一事擬備法例修訂

- 繼續加強巡查於1987年前建成的綜合用途／住宅樓宇，以提升消防安全。

- 繼續監察舊式住宅及綜合用途樓宇的消防安全情況

- 繼續推行快速應變急救車計劃，以加強輔助醫療救護服務。

- 繼續推行社區教育計劃，為公眾提供心肺復甦法訓練。

- 繼續加強宣傳，教育市民適當地使用緊急救護服務。

- 繼續開發電腦系統，以便向召喚緊急救護服務的人士提供調派後指引。

- 探討提供緊急救護服務的長遠安排。

- 繼續監察港珠澳大橋口岸新救護站的發展計劃。

5. 組織架構

消防處可以分為以下幾個構成部份：

1. 消防行動總區

2. 消防處總部總區

3. 消防安全總區

4. 牌照及審批總區

5. 救護總區

6. 行政科

1. 消防行動總區：

- 共3個：
    - 港島、離島及海務總區
    - 九龍總區
    - 新界總區

- 各個消防行動總區，分別由1名消防總長職級的助理處長掌管。
- 每個總區再按地區劃分為4至6個分區，區內設有4至8間消防局。

2. 消防處總部總區：

- 由1名消防總長職級的助理處長掌管
- 為處長提供規劃及管理方面的支援，並為其他總區提供政策及後勤支援。
- 總部總區負責消防通訊中心、消防及救護學院，並監督有關招聘、訓練及考試、職業安全健康、採購及後勤支援、資訊科技管理、工程及運輸、福利，以及資訊發放和宣傳的事宜。

CHAPTER ONE

消防救護

CHAPTER TWO

懲教

CHAPTER THREE

海關

CHAPTER THREE

入境

CHAPTER FIVE

警察

3. 消防安全總區：

- 由1名消防總長職級的助理處長掌管
- 按職責分為6個課／組別：
  - 樓宇改善課（1）
  - 樓宇改善課（2）
  - 鐵路發展課
  - 新建設課
  - 支援課
  - 貸款計劃支援組

4. 牌照及審批總區：

- 由1名消防總長職級的助理處長掌管
- 按職責分為8個課／組別：
  - 政策課
  - 危險品課
  - 防火分區辦事處（香港及九龍西）
  - 防火分區辦事處（新界及九龍東）
  - 消防設備專責隊伍
  - 消防設備課
  - 通風系統課
  - 牌照事務課

5. 救護總區：

- 由1名救護總長職級的助理處長掌管
- 總區轄下分為2個行動區域（港島及九龍區域和新界區域）及總區總部

- 每個行動區域再按地區劃分為2至3個分區

6. 行政科：

- 由文職人員組成，並由部門秘書掌管。
- 主要負責以下工作：
  - 人力資源管理
  - 招聘及晉升事宜
  - 一般部門行政
  - 財務管理
  - 內部審核
  - 外判工作
  - 員工關係
  - 翻譯服務

消防處架構圖

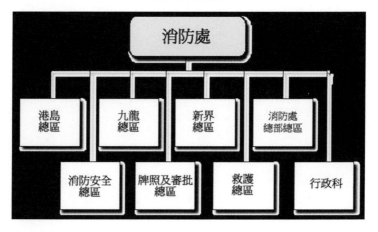

6. 職級及代號（消防職級）

1. 消防職級

a. 首長級

中文名稱	英文名稱	簡稱
消防處處長	Director Of Fire Services	D of FS
消防處副處長	Deputy Director Of Fire Services	DD of FS
消防總長	Chief Fire Officer	CFO
副消防總長	Deputy Chief Fire Officer	DCFO

b. 主任級

中文名稱	英文名稱	簡稱
高級消防區長	Senior Divisional Officer	SDO
消防區長	Divisional Officer	DO
助理消防區長	Assistant Divisional Officer	ADO
高級消防隊長	Senior Station Officer	SStnO
消防隊長	Station Officer	StnO
見習消防隊長	Probationary Station Officer	PStnO

c. 員佐級

中文名稱	英文名稱	簡稱
消防總隊目	Principal Fireman	PFn
消防隊目	Senior Fireman	SFn
消防員	Fireman	Fn

2. 指揮室職級

a. 首長級

中文名稱	英文名稱	簡稱
助理消防區長（調派及通訊）	Assistant Divisional Officer (Mobilizing and Communication)	ADO(MC)
高級消防隊長（控制）	Senior Station Officer (Control)	SStnO(C)
消防隊長（控制）	Station Officer (Control)	StnO(C)

b. 員佐級

中文名稱	英文名稱	簡稱
消防總隊目（控制）	Principal Fireman (Control)	PFn(C)
消防隊目（控制）	Senior Fireman (Control)	SFn(C)

6. 職級及代號（救護職級）

1. 消防職級

中文名稱	英文名稱	簡稱
救護總長	Chief Ambulance Officer	CAO
副救護總長	Deputy Chief Ambulance Officer	DCAO

2. 主任級

中文名稱	英文名稱	簡稱
高級助理救護總長	Senior Assistant Chief Ambulance Officer	SACAO
助理救護總長	Assistant Chief Ambulance Officer	ACAO
救護監督	Superintendent(Ambulance)	Supt
高級救護主任	Senior Ambulance Officer	SAO
救護主任	Ambulance Officer	AO
見習救護主任	Probationary Ambulance Officer	PAO

3. 員佐級

中文名稱	英文名稱	簡稱
救護總隊目	Principal Ambulanceman	PAmbm
救護隊目	Senior Ambulanceman	SAmbm
救護員	Ambulanceman	Ambm

7. 歷任重要官員

1. 消防隊監督

首長姓名	中文譯名	在任年份
Charles May	查理士 • 梅理	1868-1878
C. V. Creagh	奇爾夫	1878-1883
Henry Ernest Wodehouse	胡特豪	1883-1895
Francis Henry May	梅含理	1895-1902
Francis Joseph Badeley	畢利	1902-1913
Charles McIlvaine Messer	馬斯德	1913-1918
Edward Dudley Corscaden Wolfe	胡樂甫	1918-1922

2. 消防隊總長

首長姓名	中文譯名	在任年份
Edward Dudley Corscaden Wolfe	胡樂甫	1922-1935
Thomas Henry King	經亨利	1935-1940
Jack Copper Fitz-Henry	費絲 • 亨利	1940-1941
William McIntosh Smith	威廉 • 史密夫	1946-1949
William James Gorman	哥文	1949-1961

3. 消防事務處處長

首長姓名	中文譯名	在任年份
William James Gorman	哥文	1961
Ronald Godfrey Cox	覺士	1961-1965
Joesph Milner	梅樂禮	1965-1970
Alfred Evelyn Harry Wood	活特	1970-1975
Frederick Morphet Watson	尉遲新	1975-1983

4. 消防處處長

首長姓名	中文譯名	在任年份
Frederick Morphet Watson	尉遲新	1983-1984
Robert Holmes	何萬勝	1984-1987
John Howard March	馬柱	1987-1992
林㵥源	—	1992-1995
張比德	—	1995-1998
曾廣豫	—	1998-2001
許競平	—	2001-2003
林振敏	—	2003-2005
郭晶強	—	2005-2007
盧振雄	—	2007-2011
陳楚鑫	—	2011-2014
黎文軒	—	2014-2016
李建日	—	2016年至現在

8. 各區分局資料（消防局）

1. 港島總區

a. 東區

分局	地址	代號
北角消防局	北角健康東街	NPT
筲箕灣消防局	筲箕灣柴灣道	SKW
柴灣消防局	柴灣常安街	CWN
西灣河消防局	西灣河惠亨街	SWH
銅鑼灣消防局	銅鑼灣維園道	TLW
寶馬山消防局	北角天后廟道	BHL

b. 中區

分局	地址	代號
上環消防局	上環西消防街	SWN
中區消防局	中環紅棉路	CEN
港灣消防局	灣仔港灣道	KWN
山頂消防局	山頂歌賦山里	VPK
灣仔消防局	灣仔軒尼詩道	WAN
旭龢消防局	半山旭龢道	KOT

c. 西區

分局	地址	代號
堅尼地城消防局	西環堅尼地城新海旁	KTN
香港仔消防局	香港仔南風道	ABD
春坎角消防局	春坎角春坎角道	CHK
鴨脷洲消防局	鴨脷洲鴨脷洲橋道	ALC
薄扶林消防總局	薄扶林薄扶林道	PFL
沙灣消防局	南區域多利道	SBY

d. 海務及離島區		
分局	地址	代號
愉景灣消防局	大嶼山愉景灣道	DBY
大澳（分區）消防局	大嶼山大澳大澳道	TOS
大澳（舊）消防局	大澳石仔埗街	TOO
梅窩消防局	大嶼山梅窩銀礦灣路	MWO
長沙消防局	大嶼山長沙嶼南路	CSA
南丫消防局	南丫島榕樹灣榕樹塑舊村	LAM
長洲消防局	長洲冰廠路	CCU
坪洲消防局	坪洲寶坪街	PCU
e. 滅火輪消防局		
分局	地址	代號
北角滅火輪消防局	北角健康東街38號	—
香港仔滅火輪消防局	香港仔石排灣道100號A	—
中區滅火輪消防局	中環填海區	—
青衣滅火輪消防局	青衣長輝路	—
屯門滅火輪消防局	屯門龍門路38區	—
長洲滅火輪消防局	長洲西堤道	—

2. 九龍總區

a. 東區		
分局	地址	代號
九龍灣消防局	九龍灣臨興街	KBY
觀塘消防局	觀塘觀塘道	KT
藍田消防局	藍田啟田道	LTN
油塘消防局	油塘高輝道	YTG
寶林消防局	將軍澳寶林北路	PLM
大赤沙消防局	將軍澳環保大道	TCS
b. 南區		
分局	地址	代號
尖沙咀消防局	尖沙咀廣東道	TST
尖東消防局	紅磡康莊道	TTG
紅磡消防局	紅磡佛光街	HHM
油麻地消防局	油麻地窩打老道	YMT

c. 中區

分局	地址	代號
馬頭涌消防局	馬頭圍馬頭涌道	MTC
黃大仙消防局	黃大仙鳳德道	WTS
牛池灣消防局	牛池灣清水灣道	NCW
啟德消防局	九龍灣祥業街	KAT
順利消防局	觀塘利安道	SLE
西貢消防局	西貢康健路	SKG

d. 西區

分局	地址	代號
旺角消防局	旺角塘尾道	MK
九龍塘消防局	九龍塘浸會大學道	KLT
石硤尾消防局	石硤尾南昌街	SKM
長沙灣消防局	長沙灣長沙灣道	CSW
荔枝角消防局	荔枝角寶輪街	LCK

3. 新界總區

a. 東區

分局	地址	代號
田心消防局	大圍富健街	TSM
小瀝源消防局	沙田源順圍	SLY
沙田消防局	沙田源禾路	STN
馬鞍山消防局	馬鞍山鞍山里	MOS
大埔消防局	大埔汀角路	TPO
大埔東消防局	大埔汀角路	TPE

b. 南區

分局	地址	代號
荔景消防局	葵涌華泰路	LKG
葵涌消防局	葵涌興盛路	KCG
梨木樹消防局	葵涌和宜合道	LMS
荃灣消防局	荃灣青山公路	TWN
深井消防局	荃灣深井青山公道	STG

c. 西區

分局	地址	代號
大欖涌消防局	大欖大欖涌路	TLC
望后石消防局	屯門望后石浩運街	PPT
青山灣消防局	屯門屯義街	CPB
屯門消防局	屯門杯渡路	TM
虎地消防局	屯門屯富路	FTI
天水圍消防局	天水圍天河路	TSW
流浮山消防局	流浮山天瑞路	LFS
深圳灣消防局	深圳灣口岸港方口岸貨檢區	SZB

d. 北區分區

分局	地址	代號
八鄉消防局	石崗邱屋村	PHG
元朗消防局	元朗鳳琴街	YLG
米埔消防局	元朗錦繡花園金竹北路	MPO
粉嶺消防局	粉嶺沙頭角道	FLG
上水消防局	上水天平路	SSI
打鼓嶺消防局	打鼓嶺蓮麻坑道	TKL
沙頭角消防局	沙頭角順興街	STK

e. 西南區

分局	地址	代號
青衣消防局	青衣鄉事會路	TYI
青衣南消防局	青衣青衣路	TYS
竹篙灣消防局	竹篙灣朗欣路	PBY
馬灣消防局	馬灣珀欣路	MWN
東涌消防局	東涌順東路	TCG
赤鱲角消防局	赤鱲角航膳東路	CLK

f. 機場消防隊

分局	地址	代號
機場主局	—	—
機場分局	—	—
海上救援東局	—	—
海上救援西局	—	—

9. 大事年表

1868年：成立香港消防隊，查理士・梅理獲委任為消防隊監督。

1949年：消防隊成立了防火及檢察科

1960年：改組消防隊，並改稱「香港消防事務處」（在1983年7月再改稱為「香港消防處」）。

1961年：哥文獲委任為首位消防事務處處長

1970年：救護組成為一個獨立總區

1970年：改組防火及檢察科，並擴展為防火組。

1997年：防火組改稱為防火總區

1999年：6月，防火總區分成2個總區，即「牌照及管制總區」和「消防安全總區」。

1991年：啟用第二代調派系統

2005年：第三代調派系統啟用

2006年：西九龍救援訓練中心啟用

2009年：潛水組的消防處潛水基地落成，同年成立壓力輔導組。

2010年：引進「黃金戰衣」。7月，全數更換使用全新的數碼無線電通訊器材。

2011年：6月，通訊支援隊成立。8月，高角度拯救專隊成立。

2012年：2月，消防無線電通訊數碼化正式全面地使用。3月，危害物質專隊成立。4月，引進新的抗火服。

2013年：全面更換帽氣樽

2015年：處方在「2015年公務員優質服務獎勵計劃」奪4個金獎、2個優異獎和4個特別嘉許。

10. 特別隊伍

1. 通訊支援隊（Communications Support Team，CST）：

- 隸屬於香港消防處各行動總區下各個分區
- 於三級火警或以上，出動到大型事故現場為前線人員提供通訊支援
- 於有需要時，在火災現場進行攝影及傳送影像。

2. 機場消防隊（Airport Fire Contingent，AFC）：

- 為香港國際機場及其水域範圍內提供飛機救援消防服務
- 確保消防車輛可於2分鐘內，抵達跑道上任何範圍，或於3分鐘內趕抵其他區域。

3. 救護總區（Ambulance Command）：

- 提供緊急醫療服務

4. 調派及通訊組──消防通訊中心（Fire Services Communications Centre，FSCC）：

- 負責接收市民求助
- 調派合適的資源抵達現場
- 接收公眾關於防火，以及火警危機的投訴及查詢

5. 潛水組（Diving Unit）：

- 負責於香港海域執行水底搜索及潛水拯救任務
- 參與香港水域外的相關任務
- 負責為消防處及其他政府部門提供相關訓練

6. 壓力輔導組（Stress Counselling Team，SCT）：

- 幫助在行動後需要輔導或者承受壓力的前線人員，提供情緒支援及心理輔導。
- 小組一般會以「一對一」的會面形式進行輔導
- 於大型事故發生後，小組會按照需要，以小組形式為曾經參與行動的消防員輔導，務求減低事故對救災人員的情緒及心理影響。

7. 危害物質專隊（HazMat Task Force）：

- 阻止包括核輻射在內的危害物質擴散、污染及處理相關事故的滅火及救援任務

8. 特種救援隊（Special Rescue Squad，SRS）：

- 負責處理坍塌搜索及拯救、密閉空間、高空拯救、攀山拯救、急流拯救，以及交通意外等重大事故中的救援任務。
- 特種救援隊又分為「坍塌搜救專隊」和「高角度拯救專隊」兩個小組：

a. 坍塌搜救專隊（Urban Search And Rescue Team，USAR）

　－ 專責處理樓宇、橋樑、隧道、山坡、山泥傾瀉等重大坍塌事故的城市搜索，以及拯救任務。

b. 高角度拯救專隊（High Angle Rescue Team，HART）

　－ 為負責高難度的高空拯救任務，包括涉及纜車、機動遊戲、塔式起重機、橋、塔、建築地盤棚架及吊船等的事故。

9. 後備消防隊：

• 輔助正規消防人員執行消防任務

• 後備消防隊於1975年經已解散

在2016年發生的九龍灣「時昌迷你倉」火災現場，大批穿著綠色背心、印有「消防通訊支援」字樣的消防員到場協助同袍。

11. 歷年主要計劃和行動

1.「先遣急救員」計劃：

- 時間：由2003年開始試行

- 目的：為市民提供更佳的緊急救護服務

- 內容：

   本計劃是指修畢進階救護訓練課程的前線消防員，在救護員尚未抵達事故現場時，先行提供基本維生術予傷病者。

   由於消防局一般位於適當地點，因此「先遣急救員」可能會較救護員先抵達現場。雖然先遣急救員不能取代救護人員，但假如他們能夠比救護人員先到場，令傷病者及早獲得治理的話，對情況危急的傷病者來說，可能是生死攸關的。

- 「先遣急救員」會在收到下列4種緊急召喚時，與救護車同時出勤。該4種緊急召喚為：

   a. 心跳驟停

   b. 氣道受阻

   c. 呼吸停頓

   d. 嚴重出血

- 由「先遣急救員」處理救護服務召喚的做法，在很多先進國家例如加拿大、美國、澳洲和日本，是非常普遍的，而且證明能夠有效提高傷病者的存活率。

2. 幼兒消防安全教育計劃：

- 時間：由2011年起

- 目的：提升幼兒的消防安全意識

- 內容：由消防員在工餘時間到幼稚園講解消防知識，活動每次約1小

時，透過遊戲、影片和兒歌等，介紹消防員工作、消防車輛和裝備等，並介紹電話、毛巾和門匙等「逃生三寶」。學生也有機會穿上模擬消防員制服留影，並向每位幼兒頒贈的「防火小天使」貼紙，更讓他們能將防火的知識帶回家中與家人分享。

- 截至2015年，已舉辦了逾2,300次活動，逾14萬名小朋友參與。

計劃開展初期只有184位消防員自願參與，成為消防安全教育導師，至今已增至678位，他們平均每個月走訪全港各區幼稚園一至兩次。

3. 樓宇消防安全特使計劃：

- 時間：由2008年起
- 對象：
  a. 物業管理公司職員
  b. 大廈業主立案法團成員
  c. 大廈業主或住客
  d. （三無大廈）業主或住客
  e. 18歲或以上人士
- 目的：
  a. 為大廈業主、住客及物業管理公司職員提供樓宇防火訓練，促使大家齊心關注所屬大廈的消防安全問題
  b. 加強各區消防局與大廈居民的溝通
  c. 促進消防處與市民大眾的伙伴合作關係，以建立更安全的社區。

4. 消防安全教育巴士：

- 目的：增進市民的消防安全知識和提高防火意識而設
- 內容：

a. 巴士上層改裝為一般住宅大廈的門廊間格，以煙霧、激光及視像效果模擬發生火警濃煙密布的情況，讓參觀者學習面對火災環境時仍能保持冷靜，並因應現場情況決定逃生方法，以及學習在濃煙中逃生的技巧。

b.. 巴士下層設有多媒體互動滅火模擬視像系統，讓參加者以互動方式，掌握如何選擇及操作滅火筒以撲滅不同類型火警。下層亦設有兩台觸控式屏幕電腦 ，提供各類防火資訊。車上亦設有一台小型消防喉轆系統，讓參觀者學習操作技巧。

c. 在大型防火運動、嘉年華會及消防局開放日向公眾傳遞消防安全信息。

5. 其他計劃：

a. 打鐵趁熱計劃：目的是在社區加強消防安全宣傳和教育。火警過後，前線消防員會把握時機，趁附近居民對火警記憶猶新，立即在事故現場推展消防安全教育，加強居民防火意識。

b. 幼兒消防兒歌比賽：由2015年1月開始推行，旨在由小做起，提高公眾的消防安全意識，2015年共有13間幼稚園、逾350名學童參加比賽。

c. 救護信息宣傳車社區外展計劃：救護信息宣傳車自2012年投入服務以來，到過全港多個地點，包括在中小學學校、社區中心、私人屋苑和公共屋村，舉辦各種士傳和教育工作。2015年，消防處共舉辦過114次社區外展展覽。

d. 走進校園——慎用救護服務宣傳計劃：教育青少年正確使用緊急救護服務，並加強他們的一般急救意識。2015年，消防處共舉辦了59次外展救護講座。

e. 「救心先鋒」計劃：鑑於香港近年因心臟病而死亡的個案不斷增加，而心臟病患者亦有趨向年青化跡象。由2007年開始推行「救心先鋒」計劃，截至2015年底，共有約8,000名合資格人士獲委任為救心先鋒。

12. 重要數據

1. 火警召喚次數：

- 2015年：34,320次
- 2014年：36,335次
- 2013年：36,773次

2. 火警中受傷及喪生人數：

- 2015年：23人死，320人傷。
- 2014年：24人死，309人傷。
- 2013年：12人死，369人傷。

3. 10大火警類型（2015年）（由多至少）

種類	數目（宗）
警鐘誤鳴	24,811
虛報火警	3,179
住宅樓宇	1,314
屋村	1,181
山火	954
公眾地方	399
商用樓宇	335
車輛	238
社團樓宇	174
寮屋	110

4. 10大火警成因

種類	數目（宗）
警鐘誤鳴	24,811
虛報火警	3,179
雜類	1,965
煮食爐火	1,563
不小心處理或棄置煙蒂、火柴和蠟燭等	947
電力故障	729
起因不明	509
不小心棄置香燭、冥鏹和蠟燭等	192
引擎、摩打、機器過熱	126
焊接及利用乙炔切割時濺出火花	58

5. 10大特別服務類型

種類	數目（宗）
被困電梯	12,178
虛報個案	12,621
救護車個案	4,866
被鎖屋內	1,462
易燃液體/氣體洩漏	394
交通意外	208
企圖跳樓	154
高處墮下	142
上吊	112
墮海、塘、池	81

6. 救護車召喚

年份	緊急召喚救護服務次數	非緊急召喚救護服務次數
2015	710,041	47,860
2014	699,427	48,010
2013	675,424	44,755
2012	683,921	43,379
2011	646,996	43,118
2010	646,733	40,400

7. 其他有用數據：

- 港島區消防局、滅火輪消防局及潛水基地數目：33間
- 九龍區消防局：21間
- 新界區消防局及海上救援局：36間
- 救護總區救護站數目：39間
- 獲頒勳銜及嘉許：1,044人
- 油壓升降台數目：77部
- 泵車數目：83部
- 搶救車：63部
- 救護車：333部
- 2015年三級火警宗數：8宗
- 2015年的火警數目較2014年減少百分比：5.6%
- 2015年的特別服務召喚數字較2006年增加百分比：58%
- 2015年的救護車召喚次數較2006年增加百分比：32%
- 巡查消防裝置及設備次數：202,748次

13.1 部門新聞

1. 雨災抱童涉水竟起爭議（2016）：

4月，天文台發出黃色暴雨警告信號，早上上班上學時間撞正狂風驟雨，上班族及學生們都叫苦連天。當天互聯網瘋傳一張消防員協助小學生涉水上學的照片。當時深水埗一輛載有10多名學生的校巴，在大雨中不幸「死火」，要由消防員抱著學生涉水而行。事件雖獲得不少好評，指消防員熱心救人，但同時亦有批評指這些小學生浪費消防資源，斥責指「小學生嬌生慣養」。

2. 時昌迷你倉四級火消防殉職（2016）：

6月，位於九龍灣淘大工業村的時昌迷你倉發生四級大火，並焚燒了超過100小時。其中，高級消防隊長張耀升及消防隊目許志傑不幸在火災中殉職，是次火警最終造成2死10傷。

3. 學員擅離學院事件（2016）：

8月，有傳媒報道指12名消防學員在結業禮前夕擅離學院。消息指，因學院於結業禮前兩天突然派多兩張結業禮門票，故9成學員都於當晚偷走，將門票交予親朋戚友，但卻由於在晚上8時45分突然有集會，有12名學員未及返回學院，但事實擅離職守者不止12人。事件引起網民熱議，支持學員留下或革扯的網民為數相當，各執一詞。

4. 慈雲山車房爆炸（2015）：

4月，慈雲山環鳳街發生致命車房爆炸案，導致3人死，9人傷。據稱車房因維修石油氣的士發生意外肇禍。消息指，有人見到消防員威風凜凜而且非常冷靜地進行拯救，反之在場的警員就相當慌張，雙手抱頭，連叫幾聲「快啲走」。由於當時正值「雨傘革命」完結不久，網民對香港警察的好感度跌至低點。

5. 驚爆連串欺凌事件（2015）：

10月，消防處爆出多宗集體欺凌個案。其中一宗事件是一張相片在消防員內部WhatsApp群組瘋傳，相中可見當事人被多名同袍按在枱上，當時多名男子站在他身旁，其中4人穿著藍色短袖恤衫的消防員制服，當中1名男子更用左手按住事主及拉起他的上衣，右手將大片忌廉蛋糕塞入事主肛門，他手上及當事人屁股滿是忌廉蛋糕。

雖然相片中不見當事人的容貌，但可見事主身旁4人，包括1名穿白色短袖衫男子合力按著事主手腳及頭部，似阻止他反抗。而至少3名同是穿藍色短袖恤衫消防員制服男子站在遠處隔岸觀火，並未制止，其中1人更咧嘴而笑。由於相片中幾乎全部人均穿消防員制服，估計事發於當值時間，地點則在觀塘消防局內，而除受害人外，連同拍片者，在場至少有9人。後來，重案組均介入調查。事件令消防員在網民心目中的形像跌至低點。

13.2 火警分級制度

以下是消防處的火警分級制度和山火分級制度：

a. 火警分級制度

分級	火災類型／現場情況	消防處的應變措施	現場最高級別的指揮人員
一級火警	• 商住大廈 • 火勢較輕微	消防處會派出： • 1至5條消防喉 • 1輛泵車 • 1輛旋轉台鋼梯車（或梯台車） • 1輛油壓升降台（或大型油壓升降台） • 1輛細搶救車（或大搶救車） • 1輛救護車（或EMA救護車）（以上是俗稱的「四紅一白」） • 20多名消防員	• 消防隊長／高級消防隊長
二級火警	• 人流較多的地點（如：醫院、老人院、鐵路車站、機場、酒店；危險地點如油站、危險品倉庫、發電站等） • 火警發生在遠離水源的地方	消防處會派出： • 5條消防喉 • 5至15輛消防車 • 50名消防員	• 消防隊長／高級消防隊長
三級火警	• 現場冒出大量濃煙 • 多人被困，而在場消防員未能有效控制火勢的話	消防處會派出： • 5至10條消防喉 • 15至20輛消防車（當中包括兩輛油壓升降台，3輛泵車、2輛小型搶救車／大型搶救車、2輛旋轉台鋼梯車／梯台車、以及流動指揮車、煙帽車、照明燈車、喉車，同時會出動特別拯救連，亦即拯救車及大型搶救車） • 超過100名消防員	• 高級消防區長及消防區長

四級 火警	• 火勢猛烈、大量濃煙、高熱，以及受傷人數增加，而現場居民有生命危險 • 現場在5樓以上，需要增加人手及裝備時	消防處會派出： • 10至25條消防喉 • 20至35輛消防車 • 100至150名消防員	• 副消防總長
五級 火警	• 火警現場的火勢完全失控，並迅速蔓延 • 有大量濃煙、高熱 • 受傷人數增加，明顯超過四級火所需的支援時	消防處會派出： • 26至50條消防喉 • 最少35輛消防車 • 最少150名消防員	• 消防總長

b. 山火分級制度

級別	定義	負責滅火的部門/ 人員/ 指揮官
第一級	• 只要發生山火，就可算為一級。	• 漁農自然護理署滅火隊
第二級	• 當山火較猛，威脅居民和其他設施，而漁護署滅火隊人手不足，需要消防處協助，即列為二級。	• 漁農自然護理署的滅火隊，消防處亦會派員協助滅火。 • 現場總指揮由消防人員擔任
第三級	• 第三級山火的火勢最嚴重，漁護署便會要求各紀律部隊協助撲救。	• 由漁農自然護理署的滅火隊、消防處、民眾安全服務隊及政府飛行服務隊聯合滅火 • 警務處亦會到場維持秩序、疏散及搜索，醫療輔助隊會在現場分流及替傷者進行護理。

其他相關資料：

1. 火警總數平均每年約1萬多宗

2. 大部分屬於家居發生的小型火警

3. 除了部份火頭涉及縱火罪行外，大部份火警的起因都是人為疏忽導致。

4. 由於香港氣候於秋季及冬季，較易受到東北季候風所帶來的乾燥大陸性氣流影響，令香港的空氣濕度較低，容易釀成火災。

5. 因雷擊樹木而引起的山火並不常見

13.3 重大火災事故

消防救護
CHAPTER ONE

懲教
CHAPTER TWO

海關
CHAPTER THREE

入境
CHAPTER THREE

警察
CHAPTER FIVE

1. 南丫島海難事件：

時間：2012年10月

經過：南丫島海難事件涉及兩艘船隻——「南丫四號」及「海泰號」。撞船意外發生後，政府立即派出救援及醫療隊伍出動。其中消防處在行動中，出動超過350名人員、10艘滅火輪和消防快艇，以及52輪救護車參與救援工作，事件造成39人死、87人傷。

2. 旺角嘉禾大廈五級火災：

時間：2008年8月

經過：嘉禾大廈五級火是香港21世紀首宗五級火警。火警期間，　有住客在窗邊揮動毛巾求援，消防員升起雲梯，救出超過60名住客，並交由救護員治理。消防處在行動中共動用5條消防喉及10隊煙帽隊撲救，並出動超過200名消防員，花了近6小時將火救熄。

3. 屯門公路雙層巴士墮下：

時間：2003年7月

經過：1輛雙層巴士在屯門公路從高架橋墮下，釀成21人死亡、20人受傷，成為了香港歷史上最多人死亡的陸上交通事故。事件中香港消防處共派出了133名消防員、15輛救護車、兩輛流動醫療車到場搜救。事件造成21人死、20人傷。

4. 中華航空翻機事件：

時間：1999年8月

經過：是次華航空難於新機場啟用1年後發生，飛機由曼谷回港，降落時天氣惡劣，正懸掛8號西北烈風或暴風信號。飛機著陸時機翼接觸地面起火，機身亦完全翻轉。機場消防隊於接報後於1分鐘內抵達現場，並於5分鐘內成功控制大火，15分鐘將火種撲滅，成功阻止火勢進入機艙。

5. 嘉利大廈五級大火：

時間：1996年11月

經過：1996年發生的嘉利大廈大火，於當時是20年來傷亡最慘重的火災，對於香港日後消防安全政策影響深遠。火警起因疑因燒焊火屑燃點電梯木板所致。因大廈屬舊式商廈，欠缺完善消防設施，以致火勢迅速漫延。消防員出動近200名消防員、37架消防車、50部救護車、10隊煙帽隊、5條雲梯以及超過20條消防喉進行灌救。因現場環境所限，影響救援工作。幾經辛苦，消防員於3小時救出了超過100名被困者。而事件最終造成1名消防隊目殉職，事件造成39人死、81人傷。

6. 田灣大生工業大廈五級大火：

時間：1984年9月

經過：田灣大生工業大廈發生大火，是其中1場最具災難性的五級大火，火警焚燒3日2夜始被撲熄，造成31人受傷，其中27人為消防員。火警除燒毀數以千萬計之財物外；更影響到田灣邨兩幢樓宇安全，逾2,000多名居民一度受濃煙影響而要作緊急疏散。

7. 雞寮塌山泥及旭龢大廈倒塌事件：

時間：1972年6月

經過：6月18日，因暴雨關係，1天發生2宗嚴重山泥傾瀉－秀茂坪雞寮塌山泥及半山旭龢大廈倒塌事件，造成超過100人死亡。兩件事件中，

不單消防員，駐港英軍、居喀兵團、民安隊、工務局工程人員和寮仔部人員，合共500人參與救災。

8. 青衣對海面「海上學府」火災：

時間：1972年1月

經過：1月9日，當年號稱世界上最大及最豪華的遊輪，發生香港史上最大的海上火災。由於事態嚴重，當時消防事務處發出十分罕見的「巨災警報」。當局派出近30艘消防船隻，130名消防員，還有直昇機參與灌救。幸好，事件中只有14人受傷，算是不幸中之大幸。

9. 石硤尾木屋區火警：

時間：1953年12月

經過：石硤尾木屋區大火因1所木屋住戶在燃點火水燈時不慎燒著棉胎引起。火警發生時，消防局長以災情嚴重為理由，立刻下令香港區兩架滅火車渡海，並召集所有後備消防人員前往災場協助灌救。然而，不足10分鐘，大火已波及數百戶。到了晚上整個白田村已被焚毀，直至翌日凌晨火勢才受控。大火波及多個木屋區，災場廣達41英畝，5萬多名居民頓失家園，同時亦導致公共房屋的出現。

10. 淘大工業村迷你倉大火：

時間：2016年6月

經過：事件是一宗起於牛頭角淘大工業村第1座時昌迷你倉的四級火警。大火焚燒歷時108小時，是香港歷來工業大廈最長命的火警。事件令社會關注迷你倉的監管問題，以至舊式工廈的消防安全問題。事件造成2名消防員殉職、12名消防員受傷，另有多名附近居民及消防員不適，需要送院治療。

13.4 消防員裝備

1. PBI Matrix滅火防護服：

- 俗稱「黃金戰衣」，裝備包括滅火衣和滅火褲，重約4公斤。
- 能抵禦攝氏1093度的火燃燒8秒
- 由3層物料製成：

  a. 外層：有阻燃及抗高溫效能，並具備高拉力和撕裂耐力。

  b. 中間夾層：能阻止水和化學液體物進入衣服，但同時讓空氣及汗水排出

  c. 底層：具阻燃及抗高溫效能

2. 全包型頭盔：

- 2015年由法國引入，屬「全包型頭盔」。
- 內置護目鏡和面罩，頭盔兩旁備有電筒支架，以及三點式繫帶設計，方便搜索及騰出雙手進行救援。

3. 呼吸器：

- 俗稱「煙帽」的呼吸器，是消防員滅火或執行拯救行動時的必備物品。
- 具防毒效能，更採用了無線電子個人監測系統，可有效監察佩戴者的安全。

4. 滅火手套：

- 在煙火特性訓練下，可抵禦最高攝氏250度的大火達10分鐘。

5. 嚴寒救援裝備：

- 消防處在2016年初斥資38.9萬元添置嚴寒救援裝備

- 新添置的嚴寒救援裝備包括195對冰爪鞋、200支行山杖、960張保暖氈、676包發熱貼，以及供救護員使用的386個保暖頭套及368對救援手套。

13.5 部門動向

1. 新消防局和救護站：

- 新上水救護站於2015年投入服務

- 處方計劃在港珠澳大橋人工島上設置消防局暨救護站，並在蓮塘/香園圍口岸興建一間設有救護設施的消防局。

2. 消防及救護學院：

- 位於將軍澳百勝角

- 2012年動工興建，並於2015年落成。

- 學院設有室內外模擬訓練設施，可模擬各種大型緊急事故。

- 學院還提供駕駛和救護技術訓練，可為消防和救護人員提供更多一同受訓的機會，提升處理災難事故的協調和應變能力。

- 消防及救護學院附設消防及救護教育中心暨博物館，以推廣消防安全信息及向公眾灌輸急救知識。

3. 資產管理及保養系統：

- 消防處於2015年2月推出「資產管理及保養系統」

- 系統不但改良整個採購程序，還就消防車、救護車、個人裝備和救援工具等資產的質素和數目，提供系統管理和全面監察，令後勤和維修支援得以加強

- 前線人員配備更佳個人保護裝備，可更有效執行行動職務。

4. 資訊系統策略研究：

- 2015年，本處開展資訊系統策略研究，全面檢討現有資訊科技系統，以制訂配合業務目標和市民需求的短、中、長期策略計劃。

- 研究工作除了擬定一套策略資訊科技應用和基礎設施的詳細計劃外，還包括重整業務流程，以及就資訊科技管理架構提出建議，以提升運作效率。

- 研究完成後，行動計劃會訂定一套日後推行的資訊科技項目和基礎設施組合，並勾勒本處實現策略願景的詳細路線圖。

- 有關研究預計已於2016年完成

5. 第三代調派系統的提升／更換技術研究：

- 2014年12月，消防處委聘顧問公司就提升或更換第三代調派系統事宜進行技術研究。

- 顧問公司已完成有關現時環境、用戶需求、業務流程重整和系統方案的研究，現正進行成本效益分析。有關研究預計於2016年第一季完成。

6. 消防處流動應用程式：

- 2014年5月，消防處推出消防處手機流動應用程式，供市民通過智能電話或平板電腦獲取本處的最新資訊。

- 消防處流動應用程式更於「2015年度香港資訊及通訊科技獎」中獲得「最佳流動應用程式（流動教育娛樂方案）」優異證書。

- 消防處的流動應用程式還包括「居安思危」和「臨危不亂」兩個電子遊戲：

  - 「居安思危」旨在協助市民消除樓宇內的火警風險

  - 「臨危不亂」由一系列講求快速決策的迷你遊戲組成，每個遊戲均包含一個有關防火或救護的信息。

13.6 消防術語

1. **四紅一白：**　四紅：指泵車、油壓升降台、輕型搶救車和鋼梯車

　　　　　　　一白：指救護車（因其車輛的顏色以命名）

　　　　　　　合稱作「四紅一白」是因為這5輛車通常會同時出勤，但由於每間消防局的配置不同，部分分局可能會因此少了其中1至2部，因此「四紅一白」未必會來自同1間消防局。

2. **大搶、細搶：**　大搶：大搶救車（MRU）

　　　　　　　細搶：細搶救車（LRU）（有時也會稱作「小搶」）

　　　　　　　根據消防處網頁，大搶救車比細搶救車多1套重型救援工具及設備，可在與拯救車同時出動，組成特別救援隊。

3. **黃金戰衣：**　即消防員的保護衣。因保護衣的英文全寫「PBI　Matrix」發音複雜，不便隊員間的日常溝通，因此同袍平時工作時亦會將保護衣稱作「黃金戰衣」。

4. **煙帽：**　指呼吸器，消防員會稱呼為「BA」，即英文全寫Breathing Apparatus的簡稱。

5. **一粒、三柴：**　三柴：消防總隊目

　　　　　　　一粒：見習消防隊長

6. **兩粒一扮：**　高級消防隊長的職位

7. **糯米雞：**　救生網

8. **二百四：**　救生繩

13.7 消防車、消防船和救護車

A. 消防車

1. 消防處現時共有約900部行動組的車輛，當中包括：

- 消防車：410輛
- 救護車：310輛
- 其他類型的支援車：170輛

2. 當消防處接收一般商住大廈的火警警報後，最接近火警現場的消防局會派出以下車種：

- 泵車：1輛
- 旋轉台鋼梯車（或梯台車）：1輛
- 油壓升降台（或大型油壓升降台）：1輛
- 細搶救車（或大搶救車）：1輛
- 救護車：1輛

以上即俗稱為「四紅一白」出動執勤。

3. 消防處行動組共有929部車輛，車種包括：

- 大搶救車、細搶救車
- 拯救車
- 53米梯台車、52米旋轉台鋼梯車
- 油壓升降台車
- 輕型泵車：泵水型
- 泵車、後備重型泵車
- 泡車
- 呼吸器櫃車
- 前線指揮車、流動指揮車、消防電單車

- 流動滅火支援車
- 照明車
- 多用途客貨車
- 坍塌搜救車
- 危害物質處理車
- 潛水拯救車
- 餐車
- 流動宣傳車

B. 消防船

至2013年，消防處共有21艘滅火及救援船隻。

1. 滅火輪：精英號、二號滅火輪、三號滅火輪、四號滅火輪、五號滅火輪、卓越號、七號滅火輪（其中二號和七號滅火輪屬後備性質）

2. 潛水支援船：潛水支援船一號

3. 指揮船：指揮船一號、指揮船二號

4. 潛水支援快艇：潛水支援快艇二號、潛水支援快艇三號

5. 載客輪：八號滅火輪

C. 救護車

救護總區現時共有：

- 救護車：341輛
- 輕型救護車：12輛
- 急救醫療電單車：36輛
- 流動傷者治療車：4輛
- 輔助醫療裝備車：1輛
- 鄉村救護車：4輛
- 救護吉普車：2輛
- 快速應變急救車：3輛

14. 部門歷史

年份	月份	事件
1868	5月	成立香港消防隊。身兼警察隊隊長及維多利亞監獄獄長兩職的查理士•梅理先生獲委任為消防隊監督。當時消防隊有隊員62名，另有大約100名華籍志願人員輔助。
1921		香港消防隊漸漸擴充為一支有140名各級正規人員的部隊。
1922		消防隊的成員人數增至174名
1941-1945 (日治時期)		消防隊不論在人力和設備方面均受到損失，以致發展一度停頓。值得一提的是，有2部美國製造的「拿法蘭士」號消防車被運往日本東京，作為日本皇宮的消防裝備。第二次世界大戰結束後，該兩部消防車才歸還香港。 戰後，大量中國人從內地湧入，令致香港的社會經濟情況惡化。1949年，香港人口達到100萬。雖然新的消防局在1946至56年間陸續落成啟用，但仍不足以應付當時的需求。
1914年起		救護服務成為消防隊的一部分工作。到了7月，政府的所有救護資源都交由消防隊管理。
1949		消防隊成立了防火及檢察科，處理一般消防安全事宜。
1953		1953年之前：緊急救護服務由消防隊提供，至於非緊急救護服務，則由當時的醫務署負責。 1953年7月1日：醫務署把救護車輛及人員調撥予消防隊，進行合併，為現時的救護總區奠立基礎。
1960-1965		戴麟趾報告為救護服務的發展定下藍本。經過其後的發展和部門改組，救護服務成為一個獨立單位，自1970年起稱為救護總區，提供現代化的輔助醫療服務，並由1名救護總長管理。
1946		負責行動的消防員每周工作84小時。其後遞減至1967年的72小時，1980年的60小時，1990年的54小時，以及2016年的51小時。值得注意的是，第二次世界大戰之前，消防員每周工作144小時，即當值整整6天，才有一天假期，直至1946年才改為每周工作84小時。

1960		副布政司戴麟趾先生（後來出任香港總督）奉命研究消防隊的各種問題。他聯同當時的副消防總長覺士先生撰寫了戴麟趾報告，消防隊因此徹底改組，並改稱「香港消防事務處」（在1983年7月再改稱為「香港消防處」）。該報告建議進行一項10年的分期發展計劃，包括加設小型消防局，務求以6分鐘內抵達現場為準則。報告上亦建議大量增加人手和消防車，以及縮減負責行動的消防員工作時數。
1961		哥文先生獲委任為首位消防事務處處長
1970		救護組成為一個獨立總區
1970		防火及檢察科進行改組，並擴展為防火組。
1997		防火組改稱為防火總區
1999	6月	防火總區進一步擴展，並分為兩個總區，即「牌照及管制總區」（在2001年4月改稱「牌照及審批總區」）和「消防安全總區」，以應付日益增加的消防安全工作，以及滿足公眾越來越高的消防安全期望。 以往，通訊及第一線資源調派工作是透過調派中心及消防局指揮系統執行的。自1980年起，這些運作模式歸由消防通訊中心集中處理。
1991	4月	隨著第二代調派系統啟用，消防通訊中心利用中央電腦系統協助緊急服務的調派工作，以達到最高效率。
2005	3月	第三代調派系統啟用，以取代第二代調派系統。新一代調派系統是非常精密而且任務關鍵的系統，藉著準確有效調配資源，大大提升了部門的調派效率，持續為香港市民提供高效率的緊急服務。
2006	11月	西九龍救援訓練中心啟用
2009	10月	潛水組的消防處潛水基地落成。同年成立壓力輔導組。
2010		消防處引進了大批俗稱「黃金戰衣」的抗火服。同年7月，全數更換使用全新的數碼無線電通訊器材。
2011	6月	通訊支援隊成立
	8月	高角度拯救專隊成立
2012	2月	消防無線電通訊數碼化正式全面地使用。3月，危害物質專隊成立。4月，引進新的抗火服。
2013	8月	消防處全面更換帽氣樽
2015		防處在「2015年公務員優質服務獎勵計劃」創下歷年佳績，奪得4個金獎、2個優異獎和4個特別嘉許，共10個獎項。

CHAPTER
02

懲教

1. 關於香港懲教署

Hong Kong Correctional Services Department，簡稱HKCSD或CSD

1. 保安局轄下編制的紀律部隊
2. 於1879年成立
3. 專門負責羈管及提供更生服務
4. 各級懲教人員總數：6,907人
5. 懲教設施數目：29間（包括懲教院所、中途宿舍和設於公立醫院的羈留病房）
6. 在囚人士數目：約8,400人
7. 現任署長：邱子昭
8. 現任副署長：林國良
9. 總部：灣仔港灣道12號灣仔政府大樓

懲教署徽章

自1997年7月1日起，懲教署採用了新的徽章。以下是新徽章不同部分各自代表的意思：

- 頂部的洋紫荊圖案：代表香港特別行政區
- 兩旁的禾穗圖案：一般紀律部隊都會選用的設計
- 中心位置的指南針：形象化地表達出懲教署的工作，具清晰的目標及方向。
- 中間和下方的「懲教」和「香港」中、英文字體：標明所屬部隊

2. 抱負、任務及價值觀

1. 抱負：

- 成為國際推崇的懲教機構，使香港為安全的都會。

2. 任務：

保障公眾安全和防止罪案以締造美好香港，懲教署致力：

- 確保羈管環境穩妥、安全、人道、合適和健康
- 與各界持份者攜手創造更生機會
- 通過社區教育提倡守法和共融觀念

3. 價值觀：

- 秉持誠信：持守高度誠信及正直的標準，秉承懲教精神，勇於承擔責任，以服務社會為榮。
- 專業精神：全力以赴，善用資源，提供成效卓越的懲教服務，以維護社會安全和推展更生工作。
- 以人為本：重視每個人的尊嚴，以公正持平及體諒的態度處事待人。
- 嚴守紀律：恪守法治，重視秩序，崇尚和諧。
- 堅毅不屈：以堅毅無畏的精神面對挑戰，時刻緊守崗位，履行服務社會的承諾。

4. 強調「亦懲亦教」：

- 「懲」：懲教人員致力維持所有院所紀律嚴明，令在囚人士明白要為過去的行為負責。

- 「教」：透過發展和優化各項更生計畫，包括為在囚人士提供38項職業訓練課程，提升他們的謀生技能，協助在囚人士改過自新，重投社會，藉此減少罪案和對社會的傷害。（38項職業訓練課程：課程分全日制及部分時間制供在囚人士自願報讀，課程範疇涵蓋建造、工程、商業、飲食、零售、旅遊、美容和物流業等。）

3. 主要職責

1. 懲教主任：

- 督導初級職員、在囚人士、教導所或更生中心的青少年，以及戒毒所內的戒毒者，或在懲教院所內的醫院或更生事務組工作。
- 在懲教院所內擔任指定膳食的供應工作
- 執行其他指派的工作
- 須受《監獄條例》約束，並可能須穿著制服及輪班當值。

2. 二級懲教助理：

- 監督在囚人士、教導所／更生中心的青少年及戒毒所內的戒毒者
- 執行其他指派的工作
- 須受《監獄條例》約束，並可能須穿著制服及輪班當值。

3. 工藝教導員（懲教事務）：

- 指導及訓練在懲教院所工作的在囚人士

4. 臨床心理學家：

- 為法庭及有關的覆檢委員會進行犯人心理評估工作
- 為犯人提供心理輔導
- 就犯人更生計劃提供意見、設計及推行有關計劃
- 進行犯人研究工作
- 為員工及其有需要的家屬提供心理治療
- 拓展心理教育課程及為員工提供培訓
- 協助制定及執行與員工的培訓與發展及福利有關的政策

5. 助理教育主任：

- 於院所內執行教學職務

4. 組織架構

1. 懲教署由懲教署署長領導，屬下有1名副署長。

2. 副署長之下有4名助理署長、1名政務秘書（文職職位）、2名懲教事務總監督，以及1名總經理（懲教署工業組），均屬首長級人員。

3. 懲教署轄下設有5個科，分別負責特定的工作範疇：

科名	職責
行動科	• 負責管理： 　－懲教院所 　－中途宿舍 　－更新中心 　－戒毒所 　－設於公立醫院的羈留病房 　－精神病治療中心
服務質素科	• 專責執行條例、規則及規例 • 取締懲教院所內的非法活動（例如打擊囚犯的賭博活動和阻截毒品） • 調查投訴
更生事務科	• 負責協調更生服務（判刑前評估、福利及輔導、心理服務、教育及職業訓練等） • 促進社區對更生人士的支援
人力資源科	• 負責管理部門的人力資源
行政、人事及策劃科	• 為部門及懲教院所提供多種支援服務，包括資訊科技及公共關係。

懲 教 署 組 織 架 構

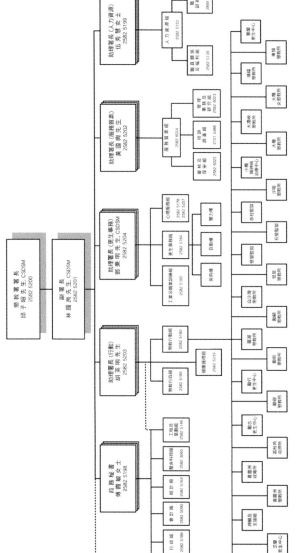

5. 職級及代號

1. 首長級

a. 首長級		
中文名稱	英文名稱	代號
署長	Commissioner	C
副署長	Deputy Commissioner	DC
助理署長	Assistant Commissioner	AC
懲教事務總監督	Chief Superintendent (Correctional Services Industries)	CS

2. 主任級

a. 首長級		
中文名稱	英文名稱	代號
懲教事務高級監督	Senior Superintendent	SS
懲教事務監督	Superintendent	S
總懲教主任	Chief Officer	CO
高級懲教主任	Principal Officer	PO
懲教主任	Officer	O

3. 員佐級

a. 首長級		
中文名稱	英文名稱	代號
一級懲教助理	Assistant Officer I	AO I
二級懲教助理	Assistant Officer II	AO II

懲教署（工業職系）

1. 首長級

a. 首長級

中文名稱	英文名稱	代號
署長	Commissioner	C
副署長	Deputy Commissioner	DC
助理署長	Assistant Commissioner	AC
總經理（工業組）	General Manager	GM

2. 主任級

a. 首長級

中文名稱	英文名稱	代號
懲教事務監督（工業組）	Superintendent of Correctional Services Industries	S(CSI)
總工業主任（懲教事務）	Chief Industrial Officer (Correctional Services)	CIO
高級工業主任（懲教事務）	Principal Industrial Officer (Correctional Services)	PIO
工業主任（懲教事務）	Industrial Officer(Correctional Services)	IO
工藝導師（懲教事務）	Technical Instructor(Correctional Services)	TI

3. 員佐級

a. 首長級

中文名稱	英文名稱	代號
工藝教導員	Instructor	Inst

6. 歷任重要官員

1. 監獄長

首長姓名	中文譯名	在任年份
William Caine	威廉 • 堅恩	1841-1845
C. B. Hillier	奚禮爾	1846
C. G. Holdforth	—	1847-1850
William Mitchell	—	1851-1857
A. L. Inglis	—	1857
Joseph Scott	—	1857-1863

2. 監獄監督

首長姓名	中文譯名	在任年份
Francis Douglas	—	1863-1874
Alfred Lister	—	1874-1875
Malcolm Struan Tonnochy	杜老誌	1875-1885
Alexander Herman Adam Gordon	哥頓少將	1885-1892
Henry Bridgman Henderson Lethbridge	—	1892-1920
John William Franks	—	1920-1938

3. 監獄署署長

首長姓名	中文譯名	在任年份
James Lugard Willcocks	韋國斯	1938-1941
William Shillingford	—	1946-1951
John Tunstall Burdett	—	1951-1953
Cuthbert James Norman	樂文	1953-1968
Gilbert Roy Pickett	—	1968-1972
Thomas Gerad Garner	簡能	1972-1982

4. 懲教署署長

首長姓名	中文譯名	在任年份
Thomas Gerad Garner	簡能	1982-1985
陳華碩	─	1985-1990
Frederic Samuel McCosh	麥啟紆	1990-1995
黎明基	─	1995-1999
伍靜國	─	1999-2003
彭詢元	─	2003-2006
郭亮明	─	2006-2010
單日堅	─	2010-2014
邱子昭	─	2014年至現在

7. 懲教署的院所資料

1.　懲教署負責管理29間懲教設施,包括各懲教院所、中途宿舍及公立醫院羈留病房。具體數字為:

- 懲教院所:16間
- 更生中心:4間
- 戒毒所:3間
- 中途宿舍:3間
- 設於公立醫院的羈留病房:2間
- 精神病治療中心:1間

2. 各間懲教院所平均每日在囚人口約9,000人

3. 以下是院所資料的分類:

A. 按懲教署院所處地區劃分

a. 港島區:

- 赤柱監獄
- 馬坑監獄
- 東頭懲教所
- 白沙灣懲教所
- 歌連臣角懲教所
- 勵志更生中心
- 瑪麗醫院羈留病房

b. 九龍區:

- 荔枝角收押所
- 勵行更生中心
- 豐力樓
- 百勤樓
- 伊利沙伯醫院羈留病房

c. 新界區：

- 壁屋監獄
- 壁屋懲教所
- 勵敬懲教所
- 大欖懲教所
- 大欖女懲教所
- 羅湖懲教所
- 芝蘭更生中心
- 蕙蘭更生中心
- 紫荊樓
- 小欖精神病治療中心

d. 其他地區：

- 石壁監獄（大嶼山）
- 沙咀懲教所（大嶼山）
- 塘福懲教所（大嶼山）
- 喜靈洲懲教所（喜靈洲）
- 喜靈洲戒毒所（喜靈洲）
- 勵新懲教所（喜靈洲）
- 勵顧懲教所（喜靈洲）

B. 按在囚人士性別劃分

a. 男性院所：

- 歌連臣角懲教所
- 喜靈洲戒毒所
- 喜靈洲懲教所

- 荔枝角收押所
- 勵志更生中心
- 勵行更生中心
- 勵新懲教所
- 馬坑監獄
- 白沙灣懲教所
- 百勤樓
- 豐力樓
- 壁屋懲教所
- 壁屋監獄
- 瑪麗醫院羈留病房
- 沙咀懲教所
- 石壁監獄
- 赤柱監獄
- 大欖懲教所
- 塘福懲教所
- 東頭懲教所

b. 女性院所：

- 紫荊樓
- 芝蘭更生中心
- 勵敬懲教所
- 羅湖懲教所
- 勵顧懲教所
- 大欖女懲教所
- 蕙蘭更生中心

C. 按在囚人士年齡劃分

a. 成年犯人（21歲或以上）：

- 喜靈洲戒毒所
- 喜靈洲懲教所
- 荔枝角收押所
- 羅湖懲教所
- 馬坑監獄
- 勵顧懲教所
- 白沙灣懲教所
- 百勤樓
- 壁屋監獄
- 石壁監獄
- 赤柱監獄
- 大欖女懲教所
- 大欖懲教所
- 塘福懲教所
- 東頭懲教所

b. 年輕犯人（14至20歲）：

- 歌連臣角懲教所
- 芝蘭更生中心
- 勵志更生中心
- 勵行更生中心
- 勵敬懲教所
- 勵新懲教所

- 壁屋懲教所
- 沙咀懲教所
- 蕙蘭更生中心

c. 任何年齡：

- 紫荊樓
- 豐力樓
- 伊利沙伯醫院羈留病房
- 瑪麗醫院羈留病房
- 小欖精神病治療中心

D. 按院所屬類劃分

a. 高度設防：

- 赤柱監獄
- 荔枝角收押所
- 壁屋懲教所
- 石壁監獄
- 小欖精神病治療中心
- 大欖女懲教所

b. 中度設防：

- 喜靈洲懲教所
- 羅湖懲教所
- 白沙灣懲教所
- 塘福懲教所

c. 低度設防：

- 歌連臣角懲教所
- 芝蘭更生中心
- 喜靈洲懲教所
- 勵志更生中心
- 勵行更生中心
- 勵敬懲教所
- 勵新懲教所
- 馬坑監獄
- 勵顧懲教所
- 壁屋監獄
- 沙咀懲教所
- 大欖懲教所
- 東頭懲教所
- 蕙蘭更生中心

d. 更生中心：

- 芝蘭更生中心
- 勵志更生中心
- 勵行更生中心
- 蕙蘭更生中心

e. 中途宿舍：

- 紫荊樓
- 百勤樓
- 豐力樓

f. 羈留病房：

- 瑪麗醫院羈留病房
- 伊利沙伯醫院羈留病房

8. 部門大事年表

1841年：　威廉 • 堅恩獲委任為首位裁判官，並負責管理警隊及監獄。同年，香港設立第一所監獄，即後來的域多利監獄。（該院所在2005年停止運作）

1853年：　政府制定第一條有關香港監獄的法例

1894年：　香港最後一次公開在監獄內執行死刑

1920年：　監獄署（懲教署的前身）於12月成立，全面接管監獄工作。

1932年：　荔枝角女子監獄啟用

1937年：　設於赤柱的香港監獄（赤柱監獄的前身）開始運作

1946年：　成立第一所開放式的少年罪犯院所（臨時感化院）

1956年：　於芝蔴灣開設第一所開放式的監獄

1958年：　成立第一所職員訓練學校

1966年：　最後一次執行死刑。自此之後，死刑暫停執行。

1971年：　實施永久性犯人編號系統

1972年：　沙咀勞役中心開始運作

1973年：　赤柱監獄爆發騷亂

1975年：　監獄署向犯人提供福利服務

1978年：　監獄署接管啟德難民營，開始參與管理越南難民的工作。

1982年：　監獄署易名為「懲教署」

1989年：　首次執行越南船民強迫遣返

1997年：　新的懲教署徽章正式被採用，徽內指南針顯示部門有清晰的目標及方向。

1998年 ： 關閉最後1個越南船民羈留中心——萬宜羈留中心

2000年 ： 喜靈洲戒毒所爆發騷亂

2002年 ： 香港懲教博物館開幕

2010年 ： 羅湖懲教所啟用，令由懲教署管轄的監獄和院所設施增至合共29間。

2012年 ： 連續7年獲得「同心展關懷」榮譽

2013年 ： 將東頭懲教所設定為首間「無煙懲教設施」，同年推行「真識食：珍惜食」計劃，推廣珍惜食物的文化，以示支持環保。

2014年 ： 將白沙灣懲教所設定為第二間「無煙懲教設施」

2016年 ： 獲香港社會服務聯會頒發「10年Plus同心展關懷」標誌。同年2月，署方設立「應變隊處理緊急事故」。

9. 懲教署特別隊伍

1. 押解及支援組：
（Escort and Support Group，簡稱ESG）

- 成員約有370人（當中逾20人為女性），分駐各監獄、收押所及各級法院等地。
- 負責押送在囚人士出席法院應召聆訊、前往就診、進行排列隊伍確認人士程序及院所間內部轉解
- 管理終審法院、高等法院、區域法院及觀塘法院的羈留室
- 派員到各裁判法院，將需要被押抵接受羈留的人士，送回各處的院所。

a. 懲教緊急應變隊：
（Correctional Emergency Response Team，簡稱CERT）

- 成員約有170人（當中逾20人為女性）
- 由懲教人員自願申請加入
- 綽號「懲教飛虎隊」（前稱「先鋒隊」）
- 隸屬懲教署押解及支援組，平日負責押解工作，並應付院所重大事故、大規模騷亂、逃獄或挾持人質，以及執行搜查行動等工作。
- 署方在數年前曾按照外國顧問公司的建議，為應變隊設計嶄新防暴戰術「近身自衞術」，將隊員化整為零，以2-5人為1組，各人持不同裝備進入監獄防暴，恍如特種部隊各司其職，其中包括紀律部隊罕見的胡椒球催淚槍、弧形防護及逮捕盾，並引入阻燃行動制服及保護皮靴等配備。
- 新制服連拉鏈都可阻燃，若遇具攻擊性的囚犯，部隊會出動俗稱「黑人」的鐵甲威龍將之制服。

2. 懲教署警衞犬隊：

（Correctional Services Dog Unit，簡稱CSDU）

- 由懲教主任出任主管

- 協助訓練狗隻，狗隻在2至3個月大時，會接受訓練前預先練習，熟習某件玩具並且培養到對其感到興趣。待狗隻1歲時，會正式接受為期約4個月的訓練，完成後才能正式執勤。

- 警衞犬隊在2008年成功研究及發現訓練工作犬，能夠憑藉嗅覺搜尋手提電話，聲譽響遍東南亞。

10. 歷年主要計劃及行動

1.「和諧十七號」：

- 日期：2016年12月
- 地點：塘福懲教所
- 時間：4小時
- 內容：

  －模擬懲教院所內發生在囚人士集體違紀行為及挾持人質等事件
  －目的是測試各有關單位包括新成立的區域應變隊的應變能力
  － 演習期間，懲教署助理署長（人力資源）伍秀慧在赤柱的中央控制中心指揮整個行動。

2.「和諧十六號」：

- 日期：2015年10月
- 地點：白沙灣懲教所
- 時間：4小時
- 內容：

  － 演習包括模擬在囚者集體違紀、挾持職員及火警等
  － 超過200名來自懲教署、警務處、消防處及政府飛行服務隊人員參與，其中緊急應變隊隊員成功制服模擬挾持人質事件的疑犯。
  － 署方在演習中亦出動談判人員，游說在囚者投降。
  － 懲教署助理署長（行動）胡英明在赤柱中央控制中心指揮

3.「更生先鋒計劃」：

- 日期：2008年9月起推行
- 對象：中學生、青少年

- 內容：通過一系列的社區教育活動（包括講座、「面晤在囚人士計劃」、「綠島計劃」、參觀香港懲教博物館、訓練營、座談會、音樂劇及「思囚之路」等），宣揚禁毒信息。
- 成效：每年均有數萬名學生參與

a.「更生先鋒：綠島計劃」：
- 「更生先鋒」旗下項目
- 對象：學生、青少年
- 內容：
  - 透過安排參加者前往喜靈洲的戒毒所設施，宣揚禁毒信息。
  - 與戒毒所所員面談，啟發參加者反思吸毒的禍害。
  - 參觀「綠島計劃資源中心」內展示有關毒品樣本及吸食不同毒品的工具。

b.「更生先鋒：思囚之路」：
- 「更生先鋒」旗下項目
- 對象：學生、青少年
- 內容：
  - 以一些常見涉及青少年之案件作背景，安排青少年學生參與在赤柱的懲教署職員訓練院模擬法庭進行的模擬聆訊
  - 通過扮演審訊程序中的不同角色，讓參加者認識香港刑事司法制度。
  - 模擬聆訊完畢後，參加者在馬坑監獄的實境中模擬接受法庭的判刑，體驗在囚人士的服刑生活。
  - 活動中更設有專題小組活動及分享環節
- 成效：自2015年起，署方已在馬坑監獄進行了5次試行活動。

11. 重要數據

· 截至2016年12月31日計算：

　　－懲教設施已收納逾20,000人次
　　－懲教平均每日在囚人口：8,546人
　　－新收納的高保安風險服刑人士：149人
　　－懲教署管理逾10,000名人士

1. 在囚人口

a. 按國籍劃分

　　－本地人士：69%
　　－內地、台灣或澳門人士：11%
　　－其他國家人士：20%

b. 按性別劃分

　　－男性：83%
　　－女性：17%

2. 新收納的高保安風險服刑人士

a. 按國籍劃分

　　－本地人士：62%
　　－內地、台灣或澳門人士：4%
　　－其他國家人士：34%

b. 按罪行劃分

　　－與毒品有關的罪行：90%
　　－其他罪行：10%

c. 按性別劃分
- 男性：79%
- 女性：21%

d. 按年齡劃分
- 21歲及以上：93%
- 21歲以下：7%

3. 比較2015及2016年在囚人士違反紀律的情況

	個案數目 (2015年)	個案數目 (2016年)	與2015年比較（%）
在囚人士逃獄/ 越押個案	沒有	沒有	—
在囚人士企圖逃獄/ 越押個案	沒有	2	上升不足1%
在囚人士違反紀律個案	3,671	4,104	上升12%
在囚人士暴力個案	522	527	上升1%
在囚人士襲擊懲教人員個案	15	18	上升20%
在囚人士自我傷害個案	72	79	上升10%

4. 2016年進行的聯合搜查/ 特別搜查/ 夜間突擊搜查行動

· 行動次數：7,377

· 搜查地點數目：11,051

12. 懲教署船隻

懲教署船隊由兩艘組成，分別為善衛號和善美號。船隊日常主要負責押解在囚人士、運送懲教人員、文件和物資等往返離島懲教院所與市區的懲教院所及懲教署總部。在發生緊急事故時，船隻亦會運載人員及設備為增援用途。

1. 善衛號（Seaward）：

- 1993年投入服務
- 可運載56名在囚人士，16名懲教人員和4名船員。
- 設有2層船艙：
    - 第一層設有2個主艙室和4個獨立囚室。船艙的保安設計比較嚴密，是唯一可以用作押解屬於高度保安級別的甲類在囚人士（即被判刑12年或以上）及需要隔離囚禁的在囚人士的船隻。
    - 第二層設有一個艙室，用作運載懲教人員和訪客。
    - 現時的押解對象主要為男性成年在囚人士

2. 善美號（Seaway）：

- 1996年投入服務
- 可以押解40名在囚人士，及接載10名懲教人員和4名船員。
- 前半大型甲板可以供予運載大型設備和物資
- 運載押解的主要對象為女性在囚人士和青少年所員

13. 懲教知識

1. 懲教事務：

- 懲教署特為各類在囚人士，包括年輕犯人、吸毒者、初犯和積犯，制訂了多項周詳的更生計劃。

- 懲教署的職員編制為6,907人，負責管理29間懲教設施，當中包括有懲教院所、中途宿舍和設於公立醫院的羈留病房。懲教院所包括低度設防、中度設防和高度設防監獄、精神病治療中心、教導所、勞教中心、更生中心及戒毒所。

- 除24間懲教院所外，懲教署有3間中途宿舍，以及兩間羈留病房，合共收納約8,400名在囚人士。

- 為在囚人士的身心健康著想，懲教署積極配合政府政策，推行反吸煙措施，通過教育、宣傳、輔導及戒煙課程等不同層面的工作，向在囚人士推廣無煙文化。

- 懲教署於2013年1月將東頭懲教所設定為首間「無煙懲教設施」

- 署方再於2014年12月將白沙灣懲教所設定為第二間「無煙懲教設施」，只收押不吸煙成年在囚人士。

2. 惜食香港運動：

- 為推動保育珍貴資源和減低污染，懲教署秉持注重環保及關心社會的管理模式，致力減少院所廚餘。

- 署方於2013年及2014年先後在羅湖懲教院所、大欖女懲教所、勵顧懲教所及大欖懲教所的年長在囚人士組別推出「真識食：珍惜食」計劃，推廣減少浪費、珍惜食物的文化以示支持環保。

- 除節省糧食，減少廚餘外，羅湖懲教所及赤柱監獄亦分別於2013及2015年引入廚餘機，將剩餘食物轉化為有用的有機肥料。
- 為響應「惜食香港運動」，羅湖懲教所和部門簽署了「惜食約章」。

3. 成年男性在囚人士：

- 懲教署轄下有9間懲教院所，專門收納成年男性在囚人士。
- 荔枝角收押所：收押候審的在囚人士，以及剛被定罪而仍須等候歸類編入適當懲教院所的在囚人士。
- 赤柱監獄：本港最大的高度設防監獄，囚禁被判終身監禁或較長刑期的在囚人士。
- 石壁監獄：另一高度設防監獄，專門囚禁被判中等至較長刑期的在囚人士，包括終身監禁人士。

塘福懲教所、喜靈洲懲教所及白沙灣懲教所：囚禁成年男性在囚人士的中度設防監獄。

- 低度設防監獄共3間，包括東頭懲教所、壁屋監獄及大欖懲教所
- 大欖懲教所：收容年老低保安風險的在囚人士（一般指超過65歲者）。

4. 青少年男性在囚人士：

- 壁屋懲教所：高度設防院所，用作收押候審及被定罪的青少年在囚人士。
- 大潭峽懲教所：低度設防院所，用作收納被判監禁的年輕在囚人士。

- 歌連臣角懲教所：專為14歲起（但不足21歲的）年輕在囚人士而設。被判入教導所的青少年在囚人士訓練期最短為6個月至3年不等，獲釋後必須接受為期3年的法定監管。

- 沙咀懲教所：低度設防院所，用作收納勞教中心受訓生。

- 勞教中心：著重嚴格紀律、勤勞工作和心理輔導。14歲起但不足21歲的受訓生在中心的羈留期限由1個月至6個月不等，而21歲起但不足25歲的受訓生，則由3個月至12個月不等。他們於獲釋後均須接受12個月的監管。

- 勵志和勵行更生中心：為男青少年在囚人士而設，合計入住期由3至9個月不等。

- 更生中心計劃著重改造青少年在囚人士，他們獲釋後須接受 1 年的監管。

5. 成年女性在囚人士：

- 懲教署設有2間懲教院所收納成年女性在囚人士：
  - 大欖女懲教所：高度設防院所，用作收押和囚禁成年女性在囚人士。
  - 羅湖懲教所：本港最新的懲教院所，設有一個低度設防及兩個中度設防監區以囚禁成年女性在囚人士，該院所採取懲教事務管理模式，強調以人為本、著重環保、關心社會。

6. 青少年女性在囚人士：

- 勵敬懲教所：低度設防院所，用作14歲起但不足21歲青少年女性在囚人士的收押中心、教導所、戒毒所及監獄。
- 芝蘭和蕙蘭更生中心：根據「更生中心計劃」收納女青少年在囚人士

7. 戒毒治療：

- 懲教署施行強迫戒毒計劃，為已定罪的吸毒者提供治療。法庭倘不擬判吸毒者入獄，可判他們入戒毒所接受治療：
  - 喜靈洲戒毒所：收納成年男性戒毒者
  - 勵新懲教所：收納成年及年輕男性戒毒者
  - 勵顧懲教所：收納成年女性戒毒者
  - 勵敬懲教所分別收納年輕女性戒毒者
- 戒毒者須接受戒毒計劃治療，為期2個月至12個月不等。
- 戒毒計劃以紀律及戶外體力活動為基礎，強調工作及治療並重。
- 戒毒者獲釋後，還須接受為期一年的法定監管。

8. 精神評估及治療：

- 精神失常的刑事罪犯及危險兇暴的罪犯均在小欖精神病治療中心接受治療。
- 根據《精神健康條例》被判刑及須接受精神評估或治療的在囚人士

會被囚禁於該中心。

- 定期到訪該中心的醫院管理局精神科醫生，會為法庭評估在囚人士的精神狀況。

- 該中心收納的男性和女性在囚人士均會被分開囚禁

9. 工業及職業訓練組：

- 懲教署安排已判刑的在囚人士從事有意義的工作，使他們遵循一個有秩序和規律的生活作業模式，從而協助維持監獄穩定。

- 懲教署轄下的工業及職業訓練組秉持更生為本的方針，通過提供職業訓練及工業生產的技能訓練提高在囚人士的就業能力，協助重投社會。

- 2015年，平均每日有4,244名在囚人士從事生產工作，以具成本效益的方式為公營機構提供各類產品及服務。

- 產品計有辦公室家具、職員制服、醫院被服、過濾口罩、玻璃纖維垃圾桶，以及基建工程所需的交通標誌、鐵欄杆和路邊石壆等。在囚人士並為醫院管理局、衛生署和消防處提供洗熨服務，為公共圖書館和本地大學裝訂書籍，也為政府部門提供印刷服務和製造文件夾、信封等。

- 懲教署亦會為青年及成年在囚人士安排具社會認可及市場導向的多元化職業訓練課程，以助提高他們的個人能力。

- 懲教署為年輕在囚人士提供半日強制性的工商及服務行業課程。這些課程理論與實踐並重，有助他們獲釋後接受進一步的職業訓練。

- 懲教署亦為成年在囚人士提供自願釋前職業訓練，包括全日制及部份時間制短期課程。

- 被定罪的成年在囚人士均須參與工業生產，並接受所需的技能訓練。

- 如情況合適，懲教署會安排他們參加職業訓練機構的相關中級工藝測試，或通過向資歷架構申請參加過往資歷認可計劃，以取得職業技能認可資格。

10. 法定監管：

- 懲教署為青少年在囚人士及從教導所、勞教中心、更生中心和戒毒所獲釋的更生人士，以及根據「監管下釋放計劃」、「釋前就業計劃」、「監管釋囚計劃」、「有條件釋放計劃」及「釋後監管計劃」釋放的更生人士提供法定監管，以確保他們繼續得到照顧和指導。

- 監管人員與在囚人士的家人緊密聯繫，有助在囚人士與其家人培養良好的關係，並協助他們做好準備，以應付日後重返社會可能面對的考驗及需要。

- 監管人員會定期與在囚人士接觸，而在他們獲釋後，監管人員會經常前往他們的居所或工作地點探訪，予以密切的監管和輔導。

- 懲教署設有3間中途宿舍，分別位於：
  - 豐力樓：主要收納從勞教中心、教導所和戒毒所釋放的年輕男性受監管者；
  - 百勤樓：主要收納根據「監管下釋放計劃」、「釋前就業計劃」和「有條件釋放計劃」釋放的男性在囚人士、來自戒毒所的男受監管者及根據「監管釋囚計劃」釋放而有住屋需要的男受監管者
  - 紫荊樓：收納根據「監管下釋放計劃」、「釋前就業計劃」和「

消防救護

懲教

海關

入境

警察

CHAPTER ONE
CHAPTER TWO
CHAPTER THREE
CHAPTER THREE
CHAPTER FIVE

有條件釋放計劃」釋放的女性在囚人士及來自教導所和戒毒所的女受監管者。中途宿舍可協助受監管者在離開懲教院所後，逐步適應社會生活。

- 法定監管的成功率，以法定監管期內沒有再被法庭定罪的更生人士所佔百分率計算。

- 就戒毒者而言，更須在該期間內不再吸毒。

- 2015年，各類懲教院所及監管計劃的成功率分別如下：
  - 勞教中心96%
  - 教導所75%
  - 戒毒所53%
  - 更生中心98%
  - 監獄計劃下的青少年在囚人士97%
  - 「監管下釋放計劃」95%
  - 「釋前就業計劃」100%
  - 「釋後監管計劃」100%
  - 「有條件釋放計劃」100%
  - 「監管釋囚計劃」87%

- 在年內監管期滿的男受監管者有1,537人，女受監管者有315人

- 在同年年底仍接受監管的男受監管者有1,643人，女受監管者則有348人。

11. 福利及輔導服務：

- 輔導主任負責照顧在囚人士的福利事宜，協助和指導他們解決因入獄而引起的個人問題及困難。

- 輔導主任亦在院所內組織更生活動，例如鼓勵長刑期的在囚人士善用時間的「犯人服刑計劃」、協助在囚人士於獲釋後順利重返社會的「重新融入社會釋前啟導課程」等各項計劃。

- 懲教署與超過80家非政府機構緊密合作，在院所籌辦輔導、宗教以及大型的文化和康樂活動。

12. 心理服務：

- 懲教署的心理服務組為在囚人士提供心理輔導，以改善他們的心理健康和糾正犯罪行為。

- 服務範圍包括就其心理狀況擬備心理評估報告，以供法庭、有關覆檢委員會及懲教院所的管理當局在作出決定和管理在囚人士時作參考之用。

- 心理服務組亦為在囚人士提供多項輔導，包括：

  - 「心導計劃──從少做起」：為青少年在囚人士提供的系統化治療計劃，減少他們的重犯誘因。

  - 「預防吸食毒品心理治療計劃」：為戒毒所所員而設

  - 心理評估心理治療組：幫助性罪犯接受系統化的心理治療課程以改變其犯罪行為

  - 「預防暴力心理治療計劃」：幫助成年在囚人士改變暴力行為

- 「健心館——女性個人成長及情緒治療中心」：為女性在囚人士提供針對女性而設計的系統化心理治療計劃，以幫助她們建立積極的生活。

- 「家愛計劃——從心出發」：鼓勵青少年在囚人士的家長參與子女的更生歷程，有效針對現今家庭和年輕在囚人士的心理需要。

- 心理服務組：顧及職員的心理健康及需要，自2010年初起積極推廣健康均衡生活。

13. 教育：

- 為青少年在囚人士提供半日制強制性普通科和實用科目課程，提升他們的學歷水平，有助他們日後重返社會。

- 署方亦鼓勵在囚人士參加多項本地及海外的公開考試

- 懲教署在收納成年在囚人士的懲教院所開辦由義工導師主持的小組導修課程及興趣班，讓在囚人士以自願性質參與。

  - 鼓勵成年在囚人士參加各種自學或遙距專上課程，以善用各認可教育機構的資源。

14. 促進社區參與：

- 懲教署積極爭取社會支持，促進社區參與在囚人士的更生工作。在眾多伙伴中，成員包括來自不同界別領袖與專業人士的社區參與助更生委員會，就更生策略（特別是宣傳計劃）向署方提供意見。

- 懲教更生義工團舉辦多項活動以補充服務，務求切合在囚人士的需要。義工團共有100多名活躍義工，於年內為懲教院所的在囚人士舉

辦語文、電腦等研習班及其他文化興趣活動。

- 助更生宣傳活動自1999年起展開，為在囚人士與社會建立一道橋樑。懲教署多年來通過各種活動，包括：
  - 電視宣傳短片、電台宣傳聲帶、電視特備節目等
  - 「全城響應助更生」
  - 更生人士就業研討會
  - 「聘」出未來：更生人士視像招聘會
  - 在囚人士證書頒發典禮
  - 非政府機構論壇
  - 在囚人士感恩活動
  - 與各分區撲滅罪行委員會合辦的社區參與活動
  - 委任更生大使
  - 懲教更生義工團義工頒獎禮

15. 更生先鋒計劃：

- 包括一系列的社區教育活動，如教育講座、面晤在囚人士計劃、綠島計劃、參觀香港懲教博物館、延展訓練營、青少年座談會、「創藝展更生」話劇音樂匯演及「思囚之路」等。
  - 教育講座：提供香港刑事司法體系和懲教署羈管及更生計劃的基本資料
  - 「面晤在囚人士計劃」：安排青少年學生參觀懲教院所，並與在囚人士面對面交流，讓他們了解犯罪的後果，強化滅罪訊息。

－「綠島計劃」：向青少年宣傳禁毒信息及環境保護的重要性，計劃安排參加者與設於喜靈洲的戒毒院所的青少年在囚人士會面，了解吸毒的禍害。

－參觀香港懲教博物館：加深參觀者對懲教工作的了解，尤其是大眾的支持對罪犯更生的重要性。

－「延展訓練營」：為期3日2夜、於馬坑監獄及喜靈洲島上進行的紀律訓練項目，目的是透過紀律訓練，幫助青少年加強自信心、建立正確價值觀、團隊合作性及提昇獨立思考判斷能力。

－青少年座談會：以「論壇劇場」形式進行，由專業話劇團體設計互動式的話劇。內容講述一位更生人士曾經誤入歧途，然後於重新融入社會路途上的掙扎過程，還有暴風少年如何面對毒品的誘惑。

－「創藝展更生」話劇音樂匯演：於赤柱監獄內舉行，提供了平台讓在囚人士回饋社會，向學生親述犯罪為他們帶來的沉重代價和守法的重要性，藉以警惕學生必須潔身自愛。

－「思囚之路」：運用懲教院所的真實環境，讓學生設身處地體驗由被捕、審訊、定罪、收押、訓練到釋放的一段模擬在囚過程，目的是希望加深參加者對香港刑事司法制度及懲教工作的認知，以及促使參加者反思犯罪的沉重代價。

16. 宗教服務：

● 由1名全職司鐸策劃及提供，並獲多名自願作探訪及主持禮拜的義務司鐸協助。

● 不少志願人士及非政府機構亦在懲教院所內，提供各類靈修及社會服務。

17. 在囚人士的醫療護理：

- 所有懲教院所均設醫院，由合資格醫護人員當值，並與衛生署協作下，提供24小時的醫療服務。

- 如需進一步檢查和治療，他們會獲轉介予到診專科或至公立醫院繼續跟進。

18. 巡獄太平紳士：

- 2名巡獄太平紳士每隔2星期或1個月會共同巡視每所懲教院所（相隔時間視乎院所類別而定）

- 巡獄太平紳士須履行若干法定任務，包括：
  - 調查在囚人士向他們提出的投訴
  - 視察膳食
  - 巡視懲教院所內的建築和住宿設施

- 太平紳士須在指定期間內巡視懲教院所，但確實日期、時間則自行決定，事前不必知會有關院所。

19. 職員訓練：

- 懲教署的職員訓練院負責策劃及舉辦各項訓練課程，向職員灌輸有關的工作知識，讓他們履行部門的任務和實踐所定的抱負及價值觀。

- 新招募的懲教主任及懲教助理須分別接受26及23個星期的入職訓練，包括在懲教院所實習。

- 該院亦定期舉辦各項發展訓練課程如各種專業訓練和指揮訓練課程，以提高職員的個人效能及促進其事業前途發展。

- 職員訓練亦著重處境訓練及實況分析

- 為推廣持續進修及終身學習文化，懲教署自2010年起，啟用名為知識管理系統的一站式網上學習、經驗及知識分享平台，以加強職員利用互聯網或內聯網學習與工作有關的知識。

20. 關懷社會：

- 除了履行日常職務外，懲教署亦鼓勵人員參與各項慈善活動，以加強他們關懷社會的精神。

- 活動包括派遣義工人員協助組織籌募善款，以及向為更生人士提供服務的非政府組織提供意見。

- 懲教署於2015/16年度，繼續獲得香港社會服務聯會頒發「10年Plus同心展關懷」標誌，之前在2007/08年度亦獲得知名的「全面關懷大獎」，以表揚該署持續全力關懷署內人員和家人，以至社會各階層。

14. 懲教術語

1. 與懲教署有關的術語及背後意思

術語	意思
柳記	懲教署／懲教人員
亞一	環頭／院所之中最高級官員（例如：總監督、高級監督、監督）
亞二	環頭／院所之中第二大高級官員（例如：高級監督、監督、總懲教主任）
環頭	監獄或院所
老福	犯人福利官
PO	高級懲教主任
老感	感化官
沙展／三柴	一級懲教助理
四首／四亞哥	值日主管主任助理

2. 與懲教院所有關的術語及背後意思

術語	意思
祠堂	赤柱監獄
麻省	麻埔坪監獄（現稱「塘福懲教所」）
沙咀	沙咀懲教所
靚仔環頭	壁屋懲教所
歌記	歌連臣角懲教所
18A	喜靈洲懲教所
18B	勵顧懲教所
18C	喜靈洲戒毒所
A4	勵新懲教所
大島	大嶼山院所（石壁監獄、塘福懲教所、沙咀懲教所）
學堂	赤柱懲教署職員訓練院
VP	Victoria Prison（維多利亞監獄／域多利監獄）（前稱中央監獄，現已關閉）

3. 與犯人／一般工作有關的術語及背後意思

術語	意思
受正／拍正	正式定罪犯人
受靶	入獄／坐監
入冊	入獄／坐監
出冊	出獄／放監
過冊	可以有兩個意思： a. 囚犯從一座監獄搬到另一座監獄。 b. 囚犯將獄內之違禁品轉移到其他監倉，或移交給其他囚犯。
PO	Probation Order（感化令）
掛啷啷	受感化令／假釋條件監管
白手	第一次坐監
黑手	坐過一次或以上監
老雀	已坐過監
老屎忽	經常坐監
大碌鬼	指刑期長的囚犯（通常指判11年以上至終身監禁）
簡	一個刑期稱為「一簡」
覆灼	剛坐完監，但又犯同一性質案件，再被判入獄。
碌／籠	判罰刑期的年期量詞，例如「坐兩籠」，即判囚2年。
隻	判罰刑期的月份量詞，例如「坐三隻」，即判囚3月。
拜山	親友探監
落山	囚犯因違反監獄內的規條，被罰整天單獨囚禁。
判你四條七	即係加監7日、水記（囚於單人倉）7日、扣糧7日、無福利7日
釘你68B	囚犯違反香法例第234A章《監獄規則》第68B條
釘你水記	終止與其他囚犯的交往
食水飯	因違反監獄內的規條，會另囚於「水飯房」內，每天的食物只有白飯加水，完全沒有菜餚。
B仔（男監）、B女（女監）	監獄內選派出來的代表，因協助管理監獄內的囚犯，並且為囚犯服務，例如：派飯、派生產工具、洗地、洗廁所等，而較其他在囚人士有權威和地位。

期數	工作的地方
外圍期數	需要出外工作的地點（如：大欖懲教所洗衣期）
綠牌犯人	一些沒有意圖逃走的犯人（一般是丁類等級以下）
清你棚、掃你場／踢竇	搜查犯人身上所有物品及犯人的囚室
爆骨	打開囚室房門
釘蓋／禁骨／關倉	囚犯返回囚室，並關上房門。
有鵰	有睇水、有天文台
老霖／老終	即係在囚人士的入冊編號／終身犯人編號
ON	其他非本地國籍的囚犯
桂枝仔	香港人／本地囚犯
蛋／金蛋	手錶／金錶
厚粒／太空褸／大網	囚犯冬季穿著的風褸
水飯房／水記	單獨囚禁室／特別組囚室（簡稱SU）
水房	沖涼房
滑石	肥皂
拖水	毛巾。例如在冬天時，囚犯通常會將毛巾當頸巾禦寒。當有太平紳士來巡視時，「蛇頭」會高呼：「拖水落樓！」意即脫掉頸上的毛巾。
漿水	洗頭水
西瓜／撻沙	拖鞋
矮瓜	警棍
艇仔	匙羹
買糖餅	囚犯出工資時，買懲教署管有的食物。
讀勝（睇勝）	讀書（睇書）
貓仔	收音機
貓糧	收音機電芯
貓鬚	收音機耳筒線
打雀	吸煙
點燈	點煙
熄燈	整熄支煙

幾棍	幾支煙
一條飛	1千元可以有幾多煙
DD／四仔	白粉（毒品）
摸頂	剪頭髮
擺橫	睡覺
大菜	獄中犯人的飯
朝肉晚魚	現時囚犯的飯餸（早餐吃肉類，晚上吃蒸魚或炸魚。）
間沙	食飯
妹	粥
擺柳	小便
擺堆	大便
扇把	廁所
扒堆	搜查犯人的糞便是否有毒品
打	犯人過世
點檔	只做表面功夫，瞞騙太平紳士或懲教署職員。
通櫃	以前犯人入冊時，必須接受俗稱「通櫃」的直腸檢查，即用手指插入犯人肛門作直腸檢查。

15. 部門歷史

1. 香港警隊成立

年份	月份	事件
1841	4月	威廉 • 堅恩獲委任為首位裁判官，負責管理警隊及監獄。
	8月	香港設立第一所監獄
1853	9月	制定第一條有關香港監獄的法例
1876		引進「限制飲食」，作為懲罰方法的一種。
1894	4月	香港最後1次公開在監獄內執行死刑

2. 監獄署成立

年份	月份	事件
1920	12月	監獄署成立，全面接管監獄工作。
1932	4月	荔枝角女子監獄啟用
1937	1月	設於赤柱的香港監獄（「赤柱監獄」的前身）開始運作
1938		監獄署負責統籌感化服務
1946	12月	成立第一所開放式的少年罪犯院所（臨時感化院）
1948	4月	感化服務轉由華民政務司轄下的「社會福利局」負責（該局於1958年改組為「社會福利署」）
1953	3月	赤柱感化院改建為第一所教導所「赤柱教導所」
	5月	實施「犯人工資計劃」
		赤柱監獄及荔枝角監獄實施開放式探訪。以往探訪人士需要在監獄大間的鐵籠，隔著雙層鐵絲網，和囚犯高聲對話，監獄職員則在鐵絲網之間進行巡查。
1956		於芝蔴灣開設第一所開放式的監獄
1958		成立第一所職員訓練學校
		為曾經吸毒的大欖監獄釋囚，提供自願監管計劃。
		監獄職員值班時，自此不需要攜帶槍械。

1966	11月	最後一次執行死刑。自此之後，死刑暫停執行。
1968	8月	第一所中途宿舍「新生之家」正式啟用，為曾染上毒癮的釋囚提供康復服務。
1969	1月	戒毒所條例正式制定，大欖戒毒所開始運作。
1971		實施永久性犯人編號系統
1972	3月	勞役中心條例正式制定，同年6月沙咀勞役中心開始運作。勞役中心現已改稱「勞教中心」。
1972	11月	小欖精神病治療中心正式啟用
1973	4月	赤柱監獄發生騷亂
1974		「打籐」成為教導所所員違反所規的一種懲罰
1975	1月	監獄署向犯人提供福利服務
1976	7月	監獄署開始為犯人提供心理輔導服務
1978	1月	監獄署接管啟德難民營，開始參與管理越南難民的工作。
1979	3月	投訴調查組正式成立
1980	2月	監獄署舉辦首屆亞太區懲教首長會議
	5月	大潭峽懲教所正式啟用，收容年輕女罪犯。
1981		監獄規則內有關限制飲食及體罰的條文被刪除

3. 監獄署易名「懲教署」

年份	月份	事件
1982	2月	監獄署易名為「懲教署」
1983	7月	第一所青少年罪犯的中途宿舍「豐力樓」正式啟用
1984	8月	第一所收容女罪犯的中途宿舍「紫荊樓」正式啟用
1985	3月	首屆英聯邦懲教首長會議在香港舉行
1986	7月	香港考試局承認壁屋懲教所報考會考的所員為「學校考生」，可在監獄內參加香港中學會考。
		懲教署獲認可成為「愛丁堡公爵獎勵計劃」執行處，並在教導所成立支部，安排所員參與獎勵計劃。愛丁堡公爵獎勵計劃現已改名為「香港青少年獎勵計劃」。
	7月	港島童軍221旅在教導所正式成立，為所員提供童軍活動。港島141旅深資女童軍隊亦於1987年組成。

1988	2月	歐洲議會移送判刑人士公約的適用範圍，擴闊至香港。
	7月	首兩項的犯人假釋計劃：「囚犯監管試釋計劃」及「釋前就業計劃」正式生效。
1989	12月	首次執行越南船民強迫遣返
1990	11月	體罰作為一種刑罰被廢除
1995	2月	第一所為成年罪犯而設的中途宿舍「百勤樓」正式啟用
	10月	中途宿舍的服務對象，擴展至青少年吸毒罪犯。
1996	11月	實施強制性成年犯人監管計劃「監管釋囚計劃」
1997	6月	長期監禁刑罰覆核條例開始實施
	7月	新的懲教署徽章正式被採用，徽內指南針顯示部門有清晰的目標及方向。
1998	1月	成立更生事務處，並由助理署長（更生事務）管理。
	3月	《1998年刑事訴訟程序（修訂）條例》生效，使犯案時不足18歲，被裁定謀殺罪而正在服終身監禁刑罰的囚犯得由終審法院首席法官覆核其刑期。行政長官會就終審法院首席法官的建議，裁定該囚犯可服最短刑期。
	5月	關閉最後1個越南船民羈留中心——萬宜羈留中心
	7月	3名首長級職員獲行政長官頒授香港懲教事務卓越獎章，是首批在實施新的紀律人員授勳及獎章制度後獲授勳的職員。
	9月	設於小欖精神病治療中心的心理評估治療組啟用，為合適的性罪犯提供全面的心理輔導服務。
1999	3月	首個親子中心於大潭峽懲教所啟用
	3月	記載著香港懲教服務歷史（1941-1999年）的《香港懲教任重道遠》出版
	4月	由政務秘書領導的「環保經理委員會」成立，推行各項與懲教管理及院所運作有關的環保措施。
	6月	喜靈洲警衛犬隊犬舍綜合大樓啟用
	9月	「白沙灣懲教所」舉行啟用典禮
	10月	採用嶄新服職業群務標誌，包含「WeCare管教關懷助更生」的格言，寓意署方職員群策群力，透過羈押監管、教導關懷，來協助犯人改過自新。

| 1999 | 10月 | 推出一系列為期超過6個月的跨世紀「助更生」宣傳運動，包括：
－在電視台播放宣傳短片
－舉辦全港性巡迴展覽
－出版音樂光碟《浪子回頭》，當中收錄了由獄中犯人創作及演繹的勵志歌曲；
－成立「社區參予助更生委員會」，就本署制訂各種策略，以爭取社會大眾對更生人士的支持方面，向本署提供意見及協助
－成立「社區參予助更生委員會」，就本署制訂各種策略，以爭取社會大眾對更生人士的支持方面，向本署提供意見及協助
－舉辦『全城響應助更生』綜合晚會 |
| | 12月 | 懲教署工業組的標誌製造業，獲頒香港品質保證局頒授ISO 9002品質管理證書。 |

4. 踏入新紀元

年份	月份	事件
2000	1月	制訂一套新的「抱負、任務和價值觀」，規劃部門的發展方向。
	2月	全面使用「更生人士」或「更生者」取代「釋囚」或「刑釋人士」等較負面的詞彙，藉此鼓勵社會大眾接納和支持決意改過自新的人士。
	6月	喜靈洲戒毒所發生騷亂
	8月	審核及管理策劃科轄下投訴調查組，獲頒香港品質保證局頒發ISO 9002品質管理證書。
	12月	21名懲教署職員獲撲滅罪行委員會頒發「傑出滅罪人員表現獎」
2001	2月	人事及訓練科重組並改稱人力資源科，助理署長（人事）亦相應改稱助理署長（人力資源）。
	3月	懲教署工業組標誌製作行業於「00/01年度公務員顧客服務獎勵計劃」中，獲得「提升優質服務獎」的嘉許獎。
	3月	與香港電台聯合製作的有關更生人士的電視實況劇，奪得「2000/01年度電視節目欣賞指數調查」的「最佳電視節目銀獎」及「新登場節目獎」。

2001	3月	與加拿大監獄部門簽署合作諒解備忘錄，加強雙方的合作。
	12月	懲教署工業組洗衣工場榮獲香港品質保證局簽發ISO 9001:2000證書。
2002	1月	審核及管理策劃科重新命名為服務質素科
	5月	懲教署工業組的白沙灣懲教所標誌製作工場通過香港品質保證局的審核，獲頒ISO 9001:2000品質管理證書。
	7月	《更生中心條例》生效
	7月	懲教署轄下喜靈洲區獲香港品質保證局頒發證書，證明其達到ISO 14001:1996環境管理體系的認證標準。
	8月	投訴調查組取得ISO 9001:2000認證
	11月	香港懲教博物館開幕
	11月	成立「關顧更生人士會」
2003	1月	署方推行的「綠島計劃」榮獲「香港環保企業獎」的「環保實踐創意獎」金獎。
	7月	與新加坡監獄部門簽署諒解備忘錄，雙方發展及推行合作計劃。
	9月	與中央司法警官學校就香港懲教署職員訓練院與內地訓練院之間的合作安排簽訂協議。
	12月	主辦「亞洲及太平洋懲教首長會議」
2004	2月	推出「延展關懷計劃」
	3月	成立「懲教更生義工團」
	6月	首屆粵港監獄論壇於廣州舉行
	8月	展開「1公司1人」運動
2005	2月	「懲教職員義工團」成立
	2月	小欖精神病治療中心的「優質藥物管理服務」獲頒ISO 9001:2000品管認證
	3月	粵港監獄論壇於香港舉行
	3月	羅湖懲教所停止運作
	8月	青山灣入境事務中心啟用

2005	9月	與南韓懲教局簽署諒解備忘錄， 手發展及推行合作計劃。
	10月	與香港大學犯罪學中心合辦名為「矯治犯罪行為：評估及治療」的更生專題討論會
	12月	域多利監獄停止運作
2006	1月	「人生交叉點青少年座談會薪傳社區計劃」舉行啟動禮
	3月	「粵港澳懲教人員運動會」於澳門舉行
	3月	與澳門監獄簽署合作安排，攜手發展及推行合作計劃，力求精進兩地的懲教服務。
	5月	與香港電台電視部聯合製作的助更生電視實況劇《鐵窗邊緣》啟播
	7月	粵港監獄論壇於廣州舉行
	7月	勵新懲教所職業訓練中心啟用
	7月	荔枝角懲教所啟用
2007	2月	連續2年獲得「同心展關懷」榮譽
	8月	舉辦宣傳活動呼籲公眾接納及支持在囚及更生人士： －懲教署非政府機構座談會 －更生服務巡禮 －在囚人士作曲及填詞比賽 －在囚人士電腦輸入比賽 －非政府機構關懷服務日 －更生人士就業研討會 －電視綜藝節目-「全城響應助更生」 －暴力罪犯的評估及治療工作坊 －地區參與助更生宣傳活動
	10月	「京粵港監獄論壇　於香港舉行
2008	2月	獲頒「全面關懷大獎」及連續第三年獲得「同心展關懷」標誌
	3月	「粵港澳懲教人員運動會」於香港舉行
	5月	大潭峽懲教所停止運作，待重新發展。
	5月	勵敬懲教所啟用
	9月	與香港電台電視部聯合製作的助更生電視實況劇《鐵窗邊緣》啟播
	10月	「京粵港澳監獄論壇」於北京舉行

紀律部隊
試前速查
FAST CHECK
EXAMINATION OF DISCIPLINED SERVICES

2009	2月	工業組改組為工業及職業訓練組，並隸屬於更生事務科。
	2月	與香港明愛合辦名為「性罪犯更生服務：共創服務新紀元」的更生專題研討會。
	2月	連續4年獲得「同心展關懷」榮譽
	4月	與香港城市大學及香港善導會合辦名為「防止違法及減少重犯」國際研討會
	5月	勵志更生中心啟用
	6月	沙咀勞教中心改名「沙咀懲教所」
	10月	「京粵港澳監獄論壇」於澳門舉行
2010	1月	壁屋監獄的「工業及職業訓練大樓」正式啟用
	2月	蔴埔坪監獄和塘福中心合併為塘福懲教所
	2月	喜靈洲戒毒所（附屬中心）改名為勵顧懲教所
	4月	青山灣入境事務中心交還入境事務處管理
	6月	與香港大學犯罪學中心與商界助更生委員會合辦名為「更生人士公平就業」研討會
	8月	「京粵港澳監獄論壇」於廣州舉行
	8月	「粵港澳懲教人員運動會」於廣州舉行
	8月	羅湖懲教所啟用
2011	3月	連續6年獲得「同心展關懷」榮譽
	3月	羅湖懲教所的「健心館」正式啟用
	4月	「京粵港澳監獄論壇」於香港舉行
	5月	與香港中文大學合辦「罪犯風險管理：國際經驗」研討會
	8月	與商界助更生委員會合辦「給更生人士一個機會」職業招聘會
	9月	派員出席在新加坡舉行的「國際懲教及獄政專業協會周年大會」
	9月	與建築署合作的「羅湖懲教所重建工程計劃」奪得「部門合作獎」銀獎，而由懲教署與教育局合辦的「多元智能躍進計劃」，則奪得「部門合作獎」銅獎。
	10月	派員出席在日本舉行的「亞洲及太平洋懲教首長會議」

	3月	荔枝角收押所擴建部份正式啟用
	5月	連續7年獲得「同心展關懷」榮譽
	5月	羅湖懲教所獲得「香港環保卓越計劃」公營機構及公用事業組別的優異獎
2012	5月	派員出席在美國舉行的「國際假釋機構協會」年會
	6月	與香港大學犯罪學中心合辦「給更生人士一個機會」就業研討會
	10月	派員出席在汶萊舉行的「亞洲及太平洋懲教首長會議」
	11月	「懲教署秋季賣物會」在赤柱舉行
	1月	東頭懲教所設定為首間成人無煙懲教設施
	1月	連續8年獲得「同心展關懷」榮譽
2013	3月	第二間職員心理服務中心「荔枝角健智中心」啟用
	4月	羅湖懲教所推出「珍惜食」計畫
	6月	首間尿液樣本收集中心啟用
	1月	與廣東省監獄管理局簽訂「粵港監獄（懲教）『合作安排』」
2014	4月	與機電工程署合作的「羅湖懲教所電鎖保安系統」奪得香港資訊及通訊科技頒獎典禮「最佳創新（企業創新）特別嘉許」證書。
	9月	首次為即將獲釋的在囚人士舉辦視像職業招聘會，協助他們盡快找到工作，重投社會。
	12月	白沙灣懲教所設定為部門第二間「成人無煙懲教設施」
	1月	馬坑監獄停止運作
	1月	連續10年獲得「同心展關懷」的榮譽
2015	1月	大欖懲教所設立了年長在囚人士組別「松柏園」
	5月	大欖女懲教所舉行新綜合大樓揭幕儀式
	9月	於馬坑監獄推行「思囚之路」模擬在囚體驗活動
2016	6月	職員訓練院轄下的戰術訓練組新近推展的「安全有效控制戰術專業證書」及「安全有效控制戰術證書」課程，於6月正式獲香港學術及職業資歷評審局（評審局）確認通過課程評審。
	9月	在押解及支援組下設立常規區域應變隊，以小隊形式運作，方便迅速行動。區域應變隊負責押解高風險在囚人士，為懲教職員提供實戰技巧訓練，以及支援各院所處理緊急事故。

CHAPTER
03

海關

1. 關於香港海關
Customs and Excise Department，簡稱C&ED

1. 保安局轄下的紀律部隊之一

2. 於1909年成立

3. 專門負責海關、緝毒、保障知識產權及稅收、保障消費者權益及貿易管制等工作

4. 現任關長：鄧忍光

5. 現任副關長：鄧以海

6. 各級懲教人員數目：5,967名

- 首長級職位：9人

- 各級海關部隊：4,843人

- 貿易管制人員數目：476人

- 一般及共通職系人員：639人

7. 總部：北角渣華道222號海關總部大樓

8. 口號：護法守關 專業承擔

2. 期望、使命及信念

1. 期望：

- 以信心行動，以禮貌服務，以優異為目標，為社會的穩定及繁榮作出貢獻。

2. 使命：

- 保護香港特別行政區以防止走私
- 保障和徵收應課稅品稅款
- 偵緝和防止販毒及濫用毒品
- 保障知識產權
- 保障消費者權益
- 保障和便利正當工商業及維護本港貿易的信譽
- 履行國際義務

3. 信念：

- 專業和尊重
- 合法和公正
- 問責和誠信
- 遠見和創新

3. 主要職責

1. 偵緝及防止走私

2. 偵緝和防止販毒及濫用毒品

3. 進口及出口清關

4. 進口及出口報關

5. 保障和徵收應課稅品稅款（酒類、煙草、碳氫油類及甲醇）

6. 牌照及許可證之申請

7. 保障消費者權益及執行相關法例

8. 保護知識產權工作及執行相關法例

4. 服務承諾

1. 以信心行動，以禮貌服務，以優異為目標，為社會的穩定和繁榮作出貢獻。

2. 承諾在下列各方面為市民提供高效率、有禮及專業的服務：

- 偵緝及防止走私
- 保障稅收
- 緝毒
- 保障知識產權
- 貿易管制
- 保障消費者權益

3. 以下是海關的服務標準和目標：

服務	服務標準
1. 申請牌照及許可證	
－應課稅品牌照	－12個工作天內*
－應課稅品許可證	－1/2個工作天*
－運載訂明物品牌照	－1個工作天內*
－光碟母版及光碟複製品製作設備的進出口許可證	－2個工作天內*
－製造光碟/母碟牌照	－14個工作天內*
－金錢服務經營者牌照	－33個工作天內*
2. 申請海關人員到場監督稅務工作（例如標註、重新包裝及抽取樣辦等）	2個工作天內*
3. 航空旅客清關手續（由排隊輪候清關起計，選中接受詳細檢查者除外）	15分鐘內
4. 在陸路邊境管制站及渡輪碼頭的旅客清關手續（由排隊輪候清關起計，選中接受詳細檢查者除外）	15分鐘內

5. 通過陸路邊境車輛的清關手續（抽中接受檢查的車輛除外）	60秒內
6. 處理被扣押貨物	
－海運貨物**	5個工作天內*
－空運貨物	80分鐘內*
7. 根據《化學品管制條例》（第145章）就下列各項申請授權及批准	
－在香港進口上述條例附表1或2內載的任何化學品	10個工作天內*
－把條例附表1或2所載的任何化學品自香港出口或把條例附表3所載的任何化學品自香港出口往同一附表內列的任何國家	10個工作天內*
－儲存/存備上述條例附表1或2內載的任何化學品	5個工作天內*
8. 汽車進口/分銷商登記及首次登記稅評核	
－替汽車進口商及分銷商進行登記	7個工作天內*
－評核進口汽車的暫定稅值	5個工作天內*
9. 工廠/公司登記及貨物視察	
－簽發金伯利進程證書後視察貨物	2個工作天內*
－簽發戰略物品證前視察貨物	2個工作天內*
－視察根據儲備商品制度申請登記的工廠/公司	3個工作天內*
－簽發禁運物品（除戰略物品外）證前視察貨物	4個工作天內*
－視察根據簽發產地來源證制度為	
申請登記及重新登記的工廠/公司	4個工作天內*
－視察根據特定戰略物品航空轉運貨物豁免許可證方案	4個工作天內*
－申請登記及重新登記的工廠/公司	4個工作天內*
10. 保障消費者	
－展開調查貨物的重量和度量不足及產品不安全的緊急投訴	24小時內#
－展開調查貨物的重量和度量不足及產品不安全的優先投訴	3個工作天內#
－展開調查不良營商手法的緊急投訴	24小時內#
－展開調查不良營商手法的優先投訴	3個工作天內#
11. 對海關人員或服務的投訴	
－就書面或口頭投訴展開行動	30個曆日內給予簡覆#
－投訴個案調查完結	8個星期內#

* 這個目標在收妥一切所需文件和資料後始適用
** 由接獲進口商預約通知起計
# 由接獲投訴起計

5. 組織架構

香港海關在工作職能的分配方面，分為5個處：

1. 行政及發展處：

- 負責內務行政、財務管理、人力資源管理和行政支援服務等工作
- 下轄內務行政科、財務管理科、部隊行政科、訓練及發展科、檢控及管理支援科及投訴調查課
- 部門首長：助理關長（行政及發展）

2. 邊境及港口處：

- 負責所有關於出入境管制站管制和便利清關職能的事宜，以及負責管轄機場科、陸路邊境口岸科、鐵路及渡輪口岸科、港口及海域科及特別職務隊。
- 部門首長：助理關長（邊境及港口）

3. 稅務及策略支援處：

- 負責有關保障稅收及稅務管制、應課稅品、向首長級人員提供智囊服務和行政支援服務、項目籌劃和發展的工作、資訊科技發展、國際海關聯絡及合作、協調代理服務
- 下轄應課稅品科、海關聯絡科、策略研究科、項目策劃及發展科、資訊科技科及新聞組
- 部門首長：助理關長（稅務及策略支援）

4. 情報及調查處:

- 負責關於毒品、知識產權、制訂政策和策略,以推廣在海關行動中進一步使用情報和風險管理的事宜。
- 指示有關保護知識產權事宜的執法和調查工作,並負責調查和遏止非法販運危險藥物、執行毒品/ 有組織罪行資產充公法例條文、管制化學品
- 下轄海關毒品調查科、情報科、版權及商標調查科、稅收及一般調查科以及特遣隊
- 部門首長:助理關長(情報及調查)

5. 貿易管制處:

- 由貿易管制主任職系的文職人員組成
- 負責商務及經濟發展局轄內有關貿易管制的事宜,貿易管理及保障消費者的執行工作。
- 下轄一般調查及制度科、緊貿安排及貿易視察科、貿易調查科、商品說明及貨物轉運管制科、消費者保障科。
- 部門首長:貿易管制處處長(職級為高級首席貿易管制主任)

```
                         ┌──────────────┐
                         │    關長       │
                         └──────────────┘
                                │
                         ┌──────────────┐
                         │   副關長      │
                         └──────────────┘
                                │
                          ┌─────┴─────┐
                  ┌───────────────┐ ┌──────────┐
                  │ 服務質素及     │ │ 內部核數組 │
                  │ 管理審核科     │ │          │
                  └───────────────┘ └──────────┘
```

行政及人力資源發展處	邊境及港口處	稅務及策略支援處	情報及調查處	貿易管制處
檢控及管理支援科	機場科	海關事務及合作科	海關毒品調查科	緊貿安排及貿易視察科
部隊行政科	陸路邊境口岸科	應課稅品科	版權及商標調查科	消費者保障科
訓練及發展科	港口及海域科	資訊科技科	情報科	商品說明調查科
內務行政科	鐵路及渡輪口岸科	項目策劃及發展科	稅收及一般調查科	貿易報關及制度科
財務管理科		供應鏈安全管理科	有組織罪案調查科	貿易調查科
投訴調查課		新聞組		金錢服務監管科

6. 職級及代號

中文名稱	英文名稱	簡稱
關長	Commissioner	C
副關長	Deputy Commissioner	DC
助理關長	Assistant Commissioner	AC
總監督	Chief Superintendent	CS
高級監督	Senior Superintendent	SS
監督	Superintendent	S
助理監督	Assistant Superintendent	AS
高級督察	Senior Inspector	SI
督察	Inspector	I
見習督察	Probationary Inspector	PI
總關員	Chief Customs Officer	CCO
高級關員	Senior Customs Officer	SCO
關員	Customs Officer	CO

7. 歷任重要官員

1. 出入口管理處監督

首長姓名	中文譯名	在任年份
Charles William Beckwith	一	1909-1910
David William Tratman	一	1910-1911
Robert Oliphant Hutchison	一	1911-1921
Norman Lockhart Smith	一	1921-1923
John Daniel Lloyd	一	1923-1927
Geoffrey Robley Sayer	一	1927-1932
Eric William Hamilton	一	1932-1933
John Daniel Lloyd	一	1933-1935
Eric William Hamilton	一	1935-1937
Walter Morris Thomson	一	1946-1946
Eric Himsworth	一	1946-1949

2. 工商業管理處處長

首長姓名	中文譯名	在任年份
Kenneth Keen	乾瑾熊	1949-1950
Arthur Grenfell Clark	歧樂嘉	1950-1951
Patrick Cardinall Mason Sedgwick	石智益	1951-1953
Herbert Alexander Angus	晏架士	1953-1962

3. 工商業管理處處長兼緝私隊總監

首長姓名	中文譯名	在任年份
David Ronald Holmes	何禮文	1962-1966
Terence Dare Sorby	蘇弼	1966-1970
Jack Cater	姬達	1970-1972
David Harold Jordan	佐敦	1972-1977

4. 工商署署長兼任海關總監

首長姓名	中文譯名	在任年份
David Harold Jordan	佐敦	1977-1979
William Dorward	杜華	1979-1982

5. 海關總監

首長姓名	中文譯名	在任年份
Douglas Arthur Jordan	莊敦賢	1982-1984
Harnam Singh Grewal	高禮和	1984-1986
Patrick John Williamson	韋能信	1986-1990
Clive William Baker Oxley	岳士禮	1990-1993
Donald McFarlane Watson	尉遲信	1993-1996
李樹輝	－	1996-1997

6. 海關關長

首長姓名	中文譯名	在任年份
李樹輝	－	1997-1999
曾俊華	－	1999-2001
黃鴻超	－	2001-2003
湯顯明	－	2003-2007
袁銘輝	－	2007-2011
張雲正	－	2011-2015
鄧忍光	－	2015年至現在

8. 大事年表

1841年： 成立船政署

1887年： 成立出入口管理處

1909年： 成立「緝私隊」（「香港海關」的前身）負責向酒精飲品徵稅。

1923年： 緝私隊首次搜獲海洛英

1934年： 上水緝私隊管制站啓用

1945年： 重組緝私隊

1963年： 《緝私隊條例》正式生效

1965年： 成立工業視察組

1974年： 香港緝私隊訓練學校正式啟用

1977年： 工商署進行改組後，轄下的緝私隊亦改稱「香港海關」。

1982年： 香港海關於8月成為獨立部門

1987年： 成為世界海關組織成員

1998年： 《防止盜用版權條例》生效

2000年： 成立「反互聯網盜版隊」，打擊網上盜版活動。

2009年： 慶祝成立100周年

2013年： 實施「限奶令」

2015年： 推出「網迅」監察系統，同年亦推出「自由貿易協定中轉貨物便利計劃」，使更多中轉香港的貨物可以享有申請關稅優惠的資格。

2016年： 與內地海關於3月正式推行「跨境一鎖計劃」

9. 特別隊伍

1. 船隊：

- 執行反走私巡邏

- 船隊包括：淺水巡邏船、區域巡邏船、高速截擊艇、海騎式橡皮艇、運載人員的海港船

2. 海關搜查犬組：

- 在打擊走私毒品方面，香港海關的搜查犬是關員執法時的得力助手。

- 在「911恐怖襲擊事件」後，海關亦引入專門搜查爆炸品的搜查犬。

- 海關共有49隻搜查犬，包括47隻緝毒犬及2隻爆炸品搜查犬，分別在機場，各陸路邊境管制站及貨櫃碼頭執行緝毒和搜查爆炸品的工作。

- 類型

    a. 活躍型搜查犬：負責在海關檢查站嗅查貨物。當嗅到毒品的氣味時，牠們便會用爪抓劃可疑物品或向著可疑物品吠叫。

    b. 機靈犬：負責在海關檢查站嗅查旅客及所攜帶的隨身行李。當嗅到毒品的氣味時，牠們便會安靜地坐在對像的前面不動。

    c. 複合型搜查犬：集活躍型搜查犬及機靈犬的優點於一身，負責在海關檢查站嗅查出入境旅客及貨物。

    d. 爆炸品搜查犬：犬負責搜尋含有爆炸品的可疑物品。

- 來源地及訓練地點：主要來自內地及英國。在加入海關前，牠們已於當地接受搜查犬前期訓練。此外，亦有數頭犬隻從漁農自然護理署領養，經訓練後成為搜查犬。

    e. 品種：海關搜查犬主要有2個品種，包括44隻拉布拉多尋回犬及5隻英國史賓格跳犬。

3. 樂隊：

- 於1999年成立

- 為海關各項官方及聯誼活動提供專業樂隊服務

- 海關樂隊亦應制服團體的邀請在不同場合表演，參與社會服務。

- 樂隊現時有約50名成員

- 樂隊演奏的樂器種類繁多，除風笛和軍鼓外，還有色士風、單簧管、笛子、小號、長號、法國號、次低音號和低音號等等。投考加入海關樂隊的人員會被安排接受面試及試音，經過錄取後，會被編制進不同的組別，接受為期半年的基本訓練。

4.「反私煙調查組」和「反私油調查組」：

- 反私煙調查組：負責偵緝有組織的走私、分銷及零售私煙活動，在全港各區打擊街頭販賣、貯存及零售私煙活動。

- 反私油調查組：負責打擊私油的使用、分銷、製造及走私活動。除針對零售層面外，該組亦致力打擊化油廠、合成油製造中心的活動及跨境走私活動。

5. 聯合財富情報組（財富情報組）：

- 於1989年成立

- 收集及分析可疑交易的報告，並交由適當單位接辦調查工作。

- 該組亦備存一份載列各貨幣兌換商及匯款代理人的記錄冊。

10. 歷年主要計劃和行動

1. 快速行動計劃：

- 目的：針對打擊在大型展覽會展出侵權物品的合作計劃

- 內容：參展的企業單位可預先向「香港工商品牌保護陣綫」（「陣綫」）就其產品的品牌或版權提供有關資料，以供備存。在展覽會期間一旦發現侵權行為，「陣綫」將從資料庫中把有關資料送交海關核實及跟進。此項通報機制有別於海關一般的備案程序，當品牌或版權持有人正式進行舉報時，海關能即時核實侵權的物品，並作出更快速的反應及執法行動，從而提高對知識產權的保障。

2. 安智貿：

- 目的：安智貿試點計劃是中國海關總署和歐盟海關根據世界海關組織採納的「保障及便利國際貿易標準框架」推行，旨在通過加強各地海關之間及海關與業界之間的合作，從而讓貿易商在進口及出口地，均享有更高效和更能預計的貨物清關服務。

- 內容：香港於2013年加入了安智貿試點計劃，除加強了香港與內地和歐盟的聯繫，更強化了香港作為國際物流樞紐的地位，為計劃參與各方，特別是本地物流業帶來更大的裨益。

3. 香港認可經濟營運商計劃：

- 於2010年開始試驗運作並且取得成功，是一個屬公開及自願參與性質的認證制度，由香港海關執行。

- 根據該計劃，本地公司如已符合既定的安全標準（不論規模），均可成為認可經濟營運商，並享有相關便利通關安排。所有涉及國際供應鏈的相關各方，如製造商、進口商、出口商、貨運代理商、貨倉營運商、承運商等，均可參加這個夥伴計劃。該計劃不會收取任何認證費用。

- 目的：根據該計劃成為認可經濟營運商的公司，將獲承認為香港海關可信賴的夥伴，共同保障全球供應鏈。而該公司亦可享有相關優惠待遇，包括減少或優先接受海關查驗。

在全面推行認可經濟營運商計劃後，海關將探求機遇，與其他海關當局達成相互認可協議。相互認可協議將為香港認可經濟營運商帶來海外國家給予的多種優惠，能使他們的競爭力進一步提升。這些措施均顯示香港致力保障全球供應鏈，並協助加強香港作為主要國際貿易中心及地區物流樞紐的競爭優勢。

4.「網迅」監察系統：

- 於2015年推出
- 該系統會自動篩查社交媒體平台上的大量數據，協助海關人員找出最具風險的個案進行深入調查。
- 以往利用人手，每天只能篩查大約200個社交媒體平台用戶；在新系統推出以後，每天篩查的用戶數目增至大約4,000個。

11. 重要數據

海關在2015年共偵破222宗走私案件，數目較2014年下跌13%。

1. 緝毒方面：

- 海關偵破的毒品案件數目減少了6%，下降至752宗。

- 檢獲的毒品中，氯胺酮（K粉）佔26%，甲基安非他明（冰）佔26%，可卡因佔21%。

- 部門藉著與內地及海外執法機關交流情報和採取聯合行動，在香港以外地區偵破了45宗案件，檢獲1,000公斤毒品。

2. 保障應課稅品稅收方面：

- 部門在2015年徵得稅款104億港元，較2014年增加6.9%。

- 2015年，海關共偵破10,278宗私煙案件，按年下跌11%。

- 部門破獲的重大案件增加5%至22宗，檢獲私煙數目增加38%至7,200萬支，偵破的電話訂購私煙案件則上升42%。

3. 保障知識產權方面：

- 部門在2015年偵破的侵權案件增加了18%，至1,002宗，其中200宗涉及網上犯罪。

- 部門注意到越來越多店舖利用社交媒體平台售賣侵權物品。有見及此，部門於年內推出「網迅」監察系統。該系統會自動篩查社交媒體平台上的大量數據，協助海關人員找出最具風險的個案進行深入調查。以往利用人手，每天只能篩查大約200個社交媒體平台用戶；在新系統推出以後，每天篩查的用戶數目增至大約4,000個。

4. 保護瀕危物種方面：

- 2015年共偵破395宗案件，充公1,076,700公斤物品，主要為木材，重1,064,400公斤，較去年增加8倍，而象牙則減少28%。

5. 便利商貿：

- 認可經濟營運商計劃自2012年中推出以來，已有29家企業獲得認證。
- 繼與內地、印度、韓國及新加坡海關簽署互認安排後，香港海關年內再與泰國海關簽署第五份互認安排。
- 2015年，海關亦推出「自由貿易協定中轉貨物便利計劃」，使更多中轉香港的貨物可以享有申請關稅優惠的資格。

6. 保障消費者權益方面：

- 海關偵破42宗售賣不足秤貨品案件、5宗玩具和兒童產品案件，以及12宗一般消費品案件。
- 涉及不良營商手法個案，遭檢控的有106宗，透過民事遵從為本機制接受承諾書的有4宗，發出警告信的有2宗，合共112宗。
- 自新修訂的《商品說明條例》生效以來，一些為人詬病的不良營商手法已見收斂。部門在2015年9月印製了資料介紹一些檢控成功和接受承諾書的案例，藉以提高公眾對條例的認識和提醒公眾精明消費。

12. 部門新聞

1.「古惑天皇事件」（2005年）：

2005年1月，香港海關破獲「古惑天皇」陳乃明在家中上載3套未經版權持有人授權的電影，包括《夜魔俠》、《選美俏臥底》及《宇宙深慌》等電影；在此之前，「古惑天皇」已未經授權發佈多套電影的Bit Torrent種子。

「古惑天皇」被捕之後，曾經引起網民熱烈討論，而「古惑天皇」也曾經就被捕事件上訴，最終上訴失敗，維持原判。「古惑天皇」於2007年6月25日刑滿出獄，出獄後曾多次接受報章訪問，聲稱自己只是不幸被「祭旗」。

2. 青網大使涉嫌利用BT侵權事件（2006年）：

於2006年7月下旬，高登「大軍起底組」及「改圖組」揭發3名負責舉報網上侵權行為的「青網大使」涉嫌「賊喊捉賊」。有高登網友發現其中一名青網大使的網誌中，有一首懷疑是侵權的歌曲，另外兩名青網大使，亦懷疑有網上下載和侵權的行為。

3. 民建聯「禮義廉T恤」事件（2010年）：

有年青人設計出挖苦民建聯T恤，其中兩款於2010年維園花市在社民連攤檔銷售，其中一款為模仿QR碼設計的「民建聯最無恥」，另一款則為模仿民建聯標誌，其「民建聯DAB」被改為「禮義廉LYL」，其銷情均異常熱烈，有年青人特意穿著兩款T恤到民建聯攤位踩場，引起民建聯不滿，遂向海關投訴「禮義廉LYL」T恤侵犯民建聯黨徽版權，海關接報後到社民連攤檔調查，期間帶走百多件「禮義廉」T恤。另有網民把關員的樣貌及證件拍下，放上Facebook。

4. 有網民因上載歌曲而被捕（2010年）：

網上侵權亦屬海關執法範疇，不論規模大小的上載活動亦落力打擊，例如有港人於2010年3月中在陳奕迅最新大碟公開發售前，上載大碟兩首新歌到海外檔案儲存網站，並於本港討論區張貼下載超連結（hyper-link），結果被捕，面臨被控以可判監4年的刑事罪。

有網友質疑香港海關「上載兩首歌都捉人」是否執法過嚴，香港海關回應表示，任何人未獲授權分發侵權複製品均屬違法，即使下載者亦可能被民事追究賠償，香港海關呼籲網民勿以身試法。

5. 錯控奶米粉中國客（2013年）：

2013年3月下旬，在「限奶令」實施以後，一名姓黃南京女遊客，攜帶四罐奶米粉（俗稱米糊）及兩罐奶粉出境，被海關關員檢控，事後提出票控。事後她在微博批評本港執法不公，透露來港時曾向海關關員查詢，得知米糊並非受限制。其後海關要她自費來港取回米糊及1,000元保釋金，氣得她在大罵本港關員：「可以氣的髮指！發中指嘛！」

其後海關承認最少錯誤檢控了12名帶米糊出境的人士。結果食物及衛生局局長高永文連續兩日向被屈的內地遊客致歉，他強調不會把拉錯人的責任歸咎海關前線人員，會檢視提供予海關的指引是否清晰。他懷疑因受北京中央壓力，表示考慮取消限奶令。這個消息傳出引起香港網絡嘩然，在網上討論區親子王國，網民誓撐限奶令，不少人表示會上街或一人一信支持高永文。有網民不滿內地向港府施壓，指取消限奶令，只會進一步激化港人對內地人不滿；擔心「一解禁就搶得勁過以前」。他們指若政府撤令，必會上街抗議。

6. 侵權貨「來自鄰近的經濟強國」（2015年）：

2015年9月下旬，當年中秋節臨近之際，海關進行連串掃蕩侵權燈籠行動，檢獲近700個懷疑侵權燈籠，總值4.1萬元，行動中拘捕12名男女。

當記者問及侵權貨品來自何處之際，海關版權及商標調查（行動）課監督黃炎沛妙答：「相信侵權貨是『來自鄰近的經濟強國』」，又指侵權燈籠，一般沒有說明書，警告字句則是簡體字。明顯那個「鄰近的經濟強國」是指中華人民共和國。有網民將此新聞和早前熱議的新聞：「全球只有朝鮮（北韓）、古巴、伊朗和『其他國家』未解禁facebook」相提並論。

有網民怒斥：海關人員就連『侵權貨來自大陸』呢句話亦冇膽講，怕得要死。亦有網民感到高興，指：「即係表明，中國係鄰國，香港唔係其中一部份」。

7.「光復」關員被清算停職（2015年）：

一名曾參與「光復沙田」行動的示威者，於2015年3月被網民起底，發現其海關關員身份，引發藍絲帶的不滿。10月上旬，網上流傳一幅海關的通告，指該名姓林的見習關員，已經於10月6日被停職。

據悉該名見習關員被停職的原因，並非是參與示威活動，而是在個人Facebook中談及工作事宜。林曾在facebook提及行內有不明文規定，就是老弱傷殘及嬰兒產婦一律「不攪」，但他就認為有人會用嬰兒車作掩飾，並指自己是「部門異族」，專處理相關事宜。

但據悉海關向林發出的書面通知，就指他身為執法人員，掌握內部資料，不應公開發放。海關在信中形容林發表的信息「足以反映你的品格及操守出現問題，誠信亦受質疑」，指部門對其續任關員「完全失去信心」，又說他「行為嚴重不當」，表明正考慮終止聘用。

有網民透露，指雖然該通告是寫上停職，但實際上卻是解僱，原因是他即將過試用期，現時停職就意味他未能過試用期。

涉事的關員在其個人Facebook留言，指「我，問心無愧」，又留言稱「一日黃絲，一世黃絲，永不退讓，誓不低頭」。

13. 部門歷史

1. 香港海關的前身（1840-1909）

年份	事件
1841	成立船政署，規管到港商船停泊在指定碼頭，並須在離港前通知船政署。其後，船政署增加辦理船隻註冊、入港登記、申報載貨資料及清關等工作。
1887	成立出入口管理處，主要工作包括整理出入口統計數據和監管香港進出口的鴉片。

2. 百年基石之始（1909-1921）

年份	事件
1909	頒布《酒精飲品條例》，並成立「緝私隊」（「香港海關」的前身）負責向酒精飲品徵稅。
1916	緝私隊向煙草徵稅

3. 面對新挑戰（1921-1937）

年份	事件
1923	通過《危險藥物條例》，打擊販毒活動。同年緝私隊首次搜獲海洛英。
1930	緝私隊向汽油徵稅。1939年把柴油也納入規管。
1931	化妝品及藥用酒精成為應課稅品之一
1932	引入特惠關稅制度，並實施產地來源證制。
1934	上水緝私隊管制站啓用

4. 風雨飄搖現生機（1937-1963）

年份	事件
1941	政府向餐飲用水徵稅
1945	重組緝私隊，同年將鴉片納入為危險藥物。

1948	簽署《中港緝私協定》打擊走私活動
1949	出入口管理處改稱為「工商業管理處」，轄下緝私隊恢復進出口管制、保障稅收及打擊走私等工作。
1950	對北韓實施禁運，同年修訂《進出口條例》，對戰略物品進行嚴格規管。
1957	規管及向甲醇徵稅

5. 業務日益多元化（1963-1977）

年份	事件
1963	《緝私隊條例》正式生效
	《應課稅品（碳氫油的標記及染色）規例》授權緝私隊偵查使用有標記油類作為汽車燃料，以及把有標記油類脫色等非法行為的工作。
1965	成立工業視察組，負責巡查所有申請特惠稅證或產地來源證的工廠，執行關於紡織品配額限制事務的調查工作。
1974	位於大欖涌的香港緝私隊訓練學校正式啟用

6. 兩地經濟起飛 部門規模宏備（1977-1997）

年份	事件
1977	工商署進行改組後，轄下的緝私隊亦改稱「香港海關」。
1979	聯同警隊成立聯合情報小組，交換毒品情報。
1982	香港海關於8月成為獨立部門
1987	成為世界海關組織成員
	世界海關組織亞太區情報聯絡中心正式啟用，香港海關成為該中心的首屆營運單位。
1989	成立「毒販財產調查課」，負責調查和充公販毒得益。
1991	成立「跨部門反走私特遣隊」（成員包括海關、警務處和皇家海軍），打擊海上走私活動。
1993	負責汽車首次登記稅的評估工作
1994	成立反走私香煙特遣隊
1995	成立化學品管制課

7. 邁向新紀元（1997-2009）

年份	事件
1997	香港回歸祖國。根據《基本法》，香港仍然是單獨的關稅地區，而海關關長則成為香港特區政府的主要官員之一。
1998	《防止盜用版權條例》生效
1999	成立特遣隊打擊非法燃油、應課煙草及侵權等零售活動
2000	成立「反互聯網盜版隊」，打擊網上盜版活動。同年設立「電腦法證所」，為各科系提供電腦鑑證技術支援。
2002	推出電子應課稅品許可證電子聯通系統
2003	在落馬洲管制站設置兩座固定X光車輛檢查系統，加快清關程序。同年實施「開放式保稅倉系統」，並在陸路口岸管制站設立「車牌自動辨認系統」。
2005	於各口岸實施「紅綠通道系統」
2006	聯同知識產權署及香港版權業界，推出「青少年打擊網上盜版大使計劃」。
2007	聯同內地海關總署，舉辦「泛珠三角商貿通關便利化論壇暨區域海關關長聯席例會」。
2009	慶祝成立100周年
2012	參與代號「風沙」的行動，聯同警隊、消防、入境處和食環署等、共同打擊走水貨活動。
2013	1月：合併特遣隊及財富調查課，並成立「有組織罪案調查科」。
	2月：撥款400萬元成立「科技罪行研究所」
	3月：實施「限奶令」
	7月：《商品說明（不良營商手法）（修訂）條例》正式生效
2014	1月：前海關關長張雲正總結海關工作
	2月：新設1個為期半年的副關長（特別職務）臨時職位
2015	推出「網迅」監察系統，同年12月起亦提供「自由貿易協定中轉貨物便利計劃」。 根據內地簽訂的「協定」，貨物一般須在內地和「協定」簽署國家/地區之間直接運輸，才可享有關稅優惠。但在符合若干條件下，運經第三方的貨物，特別是受第三方海關或其他指定機構監管的貨物，仍會被視為直接運輸，可享關稅優惠。

2016	與內地海關於2016年3月正式推行「跨境一鎖計劃」。計劃下,香港海關的「多模式聯運轉運貨物便利計劃」與廣東省內海關的「跨境快速通關」對接,打造粵港物流綠色通道,為業界提供無縫清關服務。透過應用同一把電子鎖及全球定位系統設備,以「跨境一鎖,分段監管」為原則,減少同一批貨物在粵港兩地入境及出境時被海關重複檢查的機會,簡化清關手續和加快貨物轉關流程。 參與「跨境一鎖計劃」屬自願性質。參與的付運人或承運商須同時登記香港海關
	香港海關的「多模式聯運轉運貨物便利計劃」與廣東省內地海關的「跨境快速通關」,並在載貨車輛上安裝兩地海關認可的電子鎖及全球定位系統設備。

CHAPTER

04

入境

1. 關於香港入境事務處
Immigration Department，簡稱IMMD

1. 於1961年成立
2. 保安局轄下編制的紀律部隊
3. 專門負責出入境事務
4. 現任處長：曾國衞
5. 現任副處長：羅振南
6. 各級懲教人員數目：7,383
   - 軍裝人員：5,819名
   - 文職人員：1,564名
7. 總部：灣仔告士打道入境事務大樓

2. 理念、使命及信念

1. 理想：

- 務求成為世界上以能幹和效率稱冠的入境事務隊伍

2. 使命：

- 全力執行下列工作，為香港的安定繁榮作出貢獻：
  - 執行有效的出入境管制
  - 方便旅客訪港
  - 拒絕讓不受歡迎人物入境
  - 防止及偵查與出入境事宜有關的罪行
  - 為居民簽發高度防偽的身份證及旅行證件
  - 提供高效率的出生、死亡及婚姻登記服務
  - 按一視同仁的原則，為市民提供優質服務，並以尊重、體恤和關懷的態度對待每一位市民，不會因其殘疾、性別、婚姻狀況、懷孕、家庭崗位、種族、國籍及宗教而有差異。

3. 信念：

a. 正直誠信、公正無私

  - 以公正無私和誠實的態度，忠誠地執行本處的各項政策和工作，並時刻維持本處高度正直誠信的標準。

b. 以禮待人、體恤市民

  - 尊重每位市民，對每位市民誠懇有禮和體恤關懷。我們要設身處地去了解不同的觀點和看法，並且彈性地實施各項政策，以切合特別的需求。

c. 關顧共融、羣策羣力

　－ 以人為本，關懷員工的需要及發展，加強溝通，培養和諧信任的部門文化，建立一支士氣高昂和上下一心的專業團隊，協力服務市民。

d. 觸覺敏銳、因時制宜

　－ 對不斷轉變的社會、經濟及政治環境，保持敏銳的觸覺；並要與時並進及重新釐定處理事務的策略和工作程序，以應付新的挑戰。

e. 精益求精、樹立榜樣

　－ 悉力以赴，力求事事盡善，並致力成為世界上其他入境事務隊伍的榜樣。

3. 主要職責

1. 負責香港出入境管制
2. 簽發旅行證件及簽證
3. 偵查、起訴違反入境法律的人
4. 把非法入境者遣返原居地
5. 生死登記總處：辦理出生、死亡及人事登記手續
6. 發放香港身份證
7. 婚姻登記處：辦理婚姻登記手續
8. 簽發英國護照
9. 簽發香港特別行政區護照
10. 處理在港英國國籍事宜
11. 處理在港中國國籍事宜

4. 服務承諾

1. 在各管制站為旅客辦理出入境檢查

下列圖表列載部門訂定的標準等候時間及目標：

服務類別	標準等候時間	目標
香港居民-所有出入境管制站	15分鐘	98%的旅客
訪客-機場管制站	15分鐘	95%的旅客
訪客-其他出入境管制站	30分鐘	95%的旅客

2. 有關國籍的申請事宜

下列圖表列載部門訂定在櫃枱的標準處理時間及簽發證件的期限：

服務類別	在櫃枱的標準處理時間	簽發證件的期限（在收到全部所需文件後）
申報國籍變更	30分鐘	確認函件可在即日簽發
有關加入中國國籍及恢復中國國籍的申請	—	80%的申請可在3個月內處理完畢
有關退出中國國籍的申請	—	80%的申請可在2個月內處理完畢

3. 出生、死亡及婚姻登記服務

下列圖表列載部門訂定在櫃枱的標準處理時間及簽發證件的期限：

在櫃枱的標準處理時間	在櫃枱的標準處理時間	簽發證件的期限（在收到全部所需文件後）
出生登記	30分鐘	登記程序可在即日完成
死亡登記	30分鐘	登記程序可在即日完成
遞交擬結婚通知書	30分鐘	遞交程序可在即日完成
出生、死亡紀錄翻查	10分鐘	9個工作天（如有關的出生或死亡紀錄已轉換為電腦紀錄，則所需要的證書可在10分鐘內簽發）

簽發出生、死亡證明書的核證副本（如無須翻查紀錄）	10分鐘	9個工作天（如有關的出生或死亡紀錄已轉換為電腦紀錄，則所需要的證書可在10分鐘內簽發）
簽發出生、死亡證明書的核證副本（如須翻查紀錄）	10分鐘	14個工作天（如有關的出生或死亡紀錄已轉換為電腦紀錄，則所需要的證書可在10分鐘內簽發）
結婚紀錄翻查及/或簽發結婚證書的核證副本	10分鐘	9個工作天

4. 人事登記

服務類別	在櫃枱的標準處理時間	簽發證件的期限
登記領取香港身份證	60分鐘（適用於95%的申請）	10個工作天

5. 簽發旅行證件

下列圖表列載部門訂定在櫃枱的標準處理時間及簽發證件的期限：

服務類別	在櫃枱的標準處理時間	簽發證件的期限（在收到全部所需文件後）
香港特別行政區護照	30分鐘	• 首次申請護照或換領護照：10個工作天。 • 未滿11歲而並未持有香港永久性居民身份證的兒童申請香港特別行政區護照：14個工作天。
香港特別行政區簽證身份書	30分鐘	10個工作天
香港特別行政區回港證	30分鐘	即日簽發
香港海員身份證	30分鐘	即日簽發

6. 簽發簽證及許可證

服務類別	目標（在收到全部所需文件後）
來港旅遊入境簽證及許可證	所有申請可在4星期內處理完畢
來港工作入境簽證及許可證	90%的申請可在4星期內處理完畢
輸入內地人才計劃入境許可證	90%的申請可在4星期內處理完畢
工作假期簽證	所有申請可在2星期內處理完畢
其他入境簽證及許可證	90%的申請可在6星期內處理完畢
內地漁工進入許可	95%的申請可在5個工作天內處理完畢
台灣居民預辦入境登記	所有申請可在申請當天處理完畢並把結果通知申請人
台灣居民訪港30天的旅遊許可證	所有申請可在2個工作天內處理完畢
發給在港工作、就讀或居留的台灣華籍居民的多次入境許可證	所有申請可在5個工作天內處理完畢
香港特別行政區旅遊通行證	所有申請可在3星期內處理完畢
香港特別行政區居留權證明書	95%的申請可在3個月內處理完畢（此標準不適用於以下申請個案：申請人與聲稱父母的關係存疑或收到的資料存疑）

5. 組織架構

入境事務處的工作，由以下部門執行：

1. 管制部：
- 制定及執行出入境政策
- 檢查經海、陸、空3路出入境的旅客

2. 執法部：
- 負責制定及執行有關調查、遞解，以及遣送離境方面的政策。
- 處理與入境事務有關的檢控及管理青山灣入境事務中心

3. 身份證部：
- 推行新一代智能身份證系統
- 籌備全港市民換領身份證計劃

4. 資訊系統部：
- 策劃及推行新的資訊系統
- 操作現有的資訊系統
- 紀錄及數據管理

5. 管理及支援部：
- 為整個部門提供管理支援，包括負責職員培訓及調配事宜。

紀律部隊
試前速查
FAST CHECK
EXAMINATION OF DISCIPLINED SERVICES

- 接受，監察和覆檢各項投訴，提供內部視察及審核服務，以確保現行政策和程序能適當及有效率地執行，且符合成本效益。

6. 個人證件部：

- 為本地居民簽發香港特別行政區(香港特區)護照及其他旅行證件
- 為本地居民簽發身份證
- 處理根據《基本法》提出聲稱擁有居留權的申請
- 處理與《中國國籍法》有關的申請
- 辦理出生、死亡及婚姻登記
- 就給予香港特別行政區（香港特區）居民免簽證旅遊安排事宜進行磋商
- 推廣香港特區旅行證件，使這些證件更廣為接受
- 為在境外身陷困境的香港居民提供可行協助

7. 遣送審理及訴訟部：

- 審理免遣返聲請和處理與免遣返聲請，並執法有關的訴訟個案。
- 檢討及執行處理免遣返聲請的策略

8. 簽證及政策部：

- 簽發簽證和批准延期逗留
- 就簽證管制事宜進行研究及政策檢討工作

6. 職級及代號

a. 首長級

中文名稱	英文名稱	代號
處長	Director	D
副處長	Deputy Director	DD
助理處長	Assistant Director	AD
高級首席入境事務主任	Senior Principal Immigration Officer	SPID

b. 主任級

中文名稱	英文名稱	代號
首席入境事務主任	Principal Immigration Officer	PIO
助理首席入境事務主任	Assistant Principal Immigration Officer	APIO
總入境事務主任	Chief Immigration Officer	CIO
高級入境事務主任	Senior Immigration Officer	SIO
入境事務主任	Immigration Officer	IO
見習入境事務主任	Probationary Immigration Officer	IO

c. 員佐級

中文名稱	英文名稱	代號
總入境事務助理員	Chief Immigration Assistant	CIA
高級入境事務助理員	Senior Immigration Assistant	SIA
入境事務助理員	Immigration Assistant	IA

7. 歷任重要官員

1. 人民入境事務處處長（英屬時期）

首長姓名	中文譯名	在任年份
●	穆雅	1961-1965
●	戈立	1965-1974
●	羅能士	1974-1978
●	布立之	1978-1983
●	賈達德	1983-1989
梁銘彥	—	1989-1996
葉劉淑儀	—	1996-1997

2. 入境事務處處長（香港回歸後）

首長姓名	中文譯名	在任年份
葉劉淑儀	—	1997-1998
李少光	—	1998-2002
黎棟國	—	2002-2008
白韞六	—	2008-2011
陳國基	—	2011-2016
曾國衞	—	2016年至今

8. 各區事務處辦事處

1. 總部辦事處

部門	地址
居留權證明書組	灣仔告士打道7號入境事務大樓6樓
就業及旅遊簽證組	灣仔告士打道7號入境事務大樓24樓
延期逗留組	灣仔告士打道7號入境事務大樓5樓
外籍家庭傭工組	灣仔告士打道7號入境事務大樓3樓
查詢及聯絡組	灣仔告士打道7號入境事務大樓2樓
其他簽證及入境許可組	灣仔告士打道7號入境事務大樓7樓
國際協作組	灣仔告士打道7號入境事務大樓9樓
優秀人才及內地居民組	灣仔告士打道7號入境事務大樓6樓
居留權組	灣仔告士打道7號入境事務大樓25樓
旅行證件及國籍（申請）組	灣仔告士打道7號入境事務大樓4樓
旅行證件（簽發）組	灣仔告士打道7號入境事務大樓4樓

2. 分區辦事處

部門	地址
港島區簽發旅行證件辦事處	中環統一碼頭道38號海港政府大樓2樓
東九龍辦事處	藍田匯景道1-17號匯景花園匯景廣場第2層
西九龍辦事處	尖沙咀金巴利街二十八號地下
沙田辦事處	沙田上禾輋路1號沙田政府合署3樓
火炭辦事處	火炭樂景街2至18號銀禧薈4樓405及406號舖位
元朗辦事處	元朗西菁街23號富達廣場地下B舖位

3. 人事登記辦事處

部門	地址
港島辦事處	灣仔告士打道7號入境事務大樓8樓
九龍辦事處	深水埗長沙灣道303號長沙灣政府合署3樓
觀塘辦事處	觀塘偉業街223至231號宏利金融中心2樓3號舖位
火炭辦事處	火炭樂景街2至18號銀禧薈4樓405及406號舖位
元朗辦事處	元朗西菁街23號富達廣場地下B舖位

4. 出生登記處

部門	地址
生死登記總處	香港金鐘道66號金鐘道政府合署低座3樓
九龍出生登記處	尖沙咀金巴利街二十八號地下低層
沙田出生登記處	沙田上禾輋路1號沙田政府合署3樓
屯門出生登記處	屯門屯喜路1號屯門政府合署1樓

5. 死亡登記處

部門	地址
生死登記總處	香港金鐘道66號金鐘道政府合署低座3樓
死亡登記處（港島）	灣仔皇后大道東213號胡忠大廈18樓
死亡登記處（九龍）	長沙灣長沙灣道303號長沙灣政府合署1樓

6. 婚姻登記處

部門	地址
婚姻登記事務及紀錄辦事處	香港金鐘道66號金鐘道政府合署低座3樓
大會堂婚姻登記處	香港中區大會堂高座1樓
紅棉路婚姻登記處	香港中環紅棉路19號羅年信大樓
尖沙咀婚姻登記處	尖沙咀梳士巴利道10號香港文化中心行政大樓
沙田婚姻登記處	沙田源禾路1號沙田大會堂地下
屯門婚姻登記處	屯門屯喜路1號屯門政府合署

9. 大事年表

1961年： 成立「香港警務處入境事務部（俗稱移民局）」

1965年： 人民入境事務處由香港警務處手中，接管在羅湖的出入境管制任務和工作。

1977年： 與人事登記處合併

1997年： 改稱「入境事務處」

2000年： 大批聲稱擁有居港權的內地人士，攜帶易燃液體和打火機，到入境事務大樓要求與官員見面。示威人士期間更威脅自焚，期間情況失控及發生火災。事件中，高級入境事務主任梁錦光和爭取居港權人士林小星被燒死，是為香港入境事務大樓縱火案。同年，發生「庚文翰失蹤事件」。

2004年： 在香港國際機場及各口岸主要反恐據點，引入容貌辨認系統。

2013年： 入境事務處共執行約3萬次打擊偽證行動，成功撿獲約800本偽造旅行證件及近200張偽造智能身份證。

2015年： 內地有關當局停止向深圳戶籍居民簽發來港「一簽多行」的簽注，改為簽發「一周一行」的簽注。同年，在深圳灣管制站增設了具備語音輔助功能的「e-道」。

2016年： 英國的「登記旅客快速通關計劃」已擴展至香港特別行政區電子護照持有人，符合資格的香港旅客經英國政府的相關部門審批及繳交所需費用後，便可在英國適用的機場使用其自助出入境檢查系統辦理相關的出入境手續。同年，屯門客運碼頭已於1月恢復往來香港與澳門或內地的跨境客運渡輪服務。

10. 特別隊伍

特遣隊及檢控組（Immigration Task Force and Prosecution Division）：

1. 於1994年成立
2. 隸屬香港入境事務處執法組
3. 主要責任由調查至拘捕，及最終於法院檢控疑犯。
4. 由於特遣隊及檢控組所處理的案件涉及人事登記及出入境紀錄等敏感資料，故此甫成立就獲得刑事檢控專員賦予權力於香港裁判法院的檢控事務，為香港唯一一個毋須律政司代為檢控事務的執法機構單位。

a. 特遣隊（Immigration Task Force，簡稱：ITF）

- 負責行動策劃、蒐證、認人、拘捕疑犯，以及盤問的工作。
- 由1名總入境事務主任領導，分為10小隊，共有101名便衣人員。
- 為保持低調，人員只會在進行特別行動時才穿著軍裝。
- 為保持行動秘密，特遣隊往往在宣佈行動後30分鐘內完成行動。

b. 檢控組（Prosecution Division，簡稱：PD）

- 負責處理香港裁判法院案件
- 若然案件需要轉交區域法院或者上級法院處理，則會轉交由律政司處理。
- 由1名總入境事務主任領導，共有18名主任級和8名員佐級人員，均接受過由律政司提供為期6週的訓練。

11. 歷年主要計劃及行動

1. 曙光行動：

- 時間：2016年
- 內容：入境處特遣隊人員搜查了10個目標地點，包括餐廳、貨倉、辦公室、裝修中的商鋪、健身中心及街市檔口，共拘捕5名非法勞工。被捕的非法勞工為2男3女，年齡介乎35至50歲。

2. 冠軍行動：

- 時間：2016年
- 內容：執法人員於赤鱲角、荃灣及葵涌共搜查了6個目標地點，包括機場貨運站、洗衣工場、貨倉及餐廳，共拘捕5名非法勞工及1名涉案僱主。
- 被捕的非法勞工為5名男子，年齡介乎31至59歲，其中4名男子持有不允許僱傭工作的擔保書（俗稱「行街紙」）。當中1名男子亦涉嫌使用及管有懷疑偽造香港身份證。因涉嫌聘用非法勞工被捕的僱主則為1名男子，年齡為46歲。

3. 風沙行動：

- 時間：2016年
- 內容：執法人員於上水新運路及落馬洲青山公路新田段共拘捕4名涉嫌非法從事水貨活動而違反逗留條件的內地旅客，分別為3男1女，年齡介乎29至50歲。該批懷疑用作水貨用途的貨物包括奶粉、食品、護膚品、汽車零件、電子零件及電子產品。

- 由2012年9月，入境處採取了多次「風沙行動」，並拘捕了3,152名涉嫌從事水貨活動的內地人及18名香港居民。其中233名內地人被控違反逗留條件，其餘2,919人已被遣返內地。233名被檢控人士當中，222人被判監禁4星期至3個月不等，1人仍在等候法庭聆訊，其餘10人被撤銷控罪。

12. 重要數據

1. 編制及實際人數

截至2015月12月，入境處編制內有7,211個職位，當中包括12個首長級職位、1,867個主任級職系職位、3,791個員佐級職系職位及1,541個一般及共通職系職位。

職系	編制	實際人數*
首長級	12	11
主任級	1,867	1,818
員佐級	3,791	3,662
一般及共通職系	1,541	1,509
總計	7,211	7,000

*實際人數包括正在放取離職前休假的員工

2. 已發出的簽證／入境許可證統計數字

已發出的簽證／入境許可證	2013年	2014年	2015年
根據「一般就業政策」簽發的僱傭工作簽證	28,380	31,676	34,403
根據「輸入內地人才計劃」簽發的僱傭工作簽證	8,017	9,313	9,229
根據「資本投資者入境計劃」簽發的入境簽證^	3,734	4,855	2,739
根據「優秀人才入境計劃」所分配的名額	332	373	208
根據「非本地畢業生留港／回港就業安排」簽發的簽證	8,704	10,375	10,269
根據「輸入中國籍香港永久性居民第二代計劃」簽發的簽證*	—	—	108
根據「補充勞工計劃」簽發的僱傭工作簽證	2,582	2,543	3,852
外籍家庭傭工的僱傭工作簽證	95,057	95,060	97,936
根據「工作假期計劃」簽發的入境簽證	671	1,448	1,656

學生簽證（內地居民）	19,067	19,606	18,528
學生簽證（非內地居民）	8,860	9,619	10,047
受養人簽證	19,464	20,029	19,056
外籍人士的旅遊簽證	58,953	61,331	60,515
台灣來港旅遊入境許可證	1,660	594	379
台灣居民預辦入境登記	424,485	450,113	458,523
香港特區旅遊通行證	721	575	354
亞太經合組織商務旅遊證	6,533	8,578	9,238
訪客及臨時居民的延期逗留	309,769	321,178	304,174
回港簽證	448	484	473

註：

1. ^「資本投資者入境計劃」已由2015年1月15日起暫停。
2. *「輸入中國籍香港永久性居民第二代計劃」於2015年5月4日起實施。

3. 整體旅客流量統計數字

類班／ 年份	2013	2014	2015
航空	41.0	43.2(+5.4%)	46.3(+7.2%)
陸路	224.0	233.9(+4.4%)	237.5(+1.5%)
水路	27.8	28.4(+2.2%)	27.7
總計	292.7	305.5(+4.4%)	311.5(+2.0%)

註：

1. 單位以旅客人次（百萬）計
2. 數字包括在落馬洲、文錦渡、沙頭角及深圳灣管制站過境車輛的司機人次。
3. 括弧內數字為與去年比較的變動百分比。
4. 由於進位原因，統計表內個別項目的數字總和可能與相應的總數略有差別。

4. 按出入境管制站計算的旅客流量統計數字

類型/ 數字	管制站	旅客人次	司機人次	總計
航空	機場	46,319,485	-	46,319,485
陸路	紅磡	4,215,421	-	4,215,421
	羅湖	83,207,483	-	83,207,483
	落馬洲支線	61,938,857	-	61,938,857
	落馬洲	28,466,179	8,540,466	37,006,645
	文錦渡	3,996,031	1,734,227	5,730,258
	沙頭角	3,131,637	734,428	3,866,065
	深圳灣	37,687,313	3,837,166	41,524,479
水路	中國客運碼頭	8,506,204	-	8,506,204
	港澳客輪碼頭	17,428,303	-	17,428,303
	港口管制組	58,890	-	58,890
	內河碼頭	189	-	189
	屯門客運碼頭+	0	-	0
	啓德郵輪碼頭^	1,665,620	-	1,665,620

註：
1. +屯門客運碼頭於2012年7月1日起暫停航線服務，直至另行通告。
2. ^數字包括以公海為目的地的郵船旅客。

5. 按居住國家／地區分類的入境訪客統計數字

居住國家或地區／年份	訪客人次		
	2013	2014	2015
中國內地	40,745,277	47,247,675 (+16.0%)	45,842,360 (-3.0%)
台灣	2,100,098	2,031, 883 (-3.2%)	2,015,797 (-0.8%)
日本	1,057,033	1,078,766 (+2.1%)	1,049,272 (-2.7%)
美國	1,109,841	1,130,566 (+1.9%)	1,181,024 (+4.5%)
澳門	957,866	1,001,502 (+4.6%)	1,021,283 (+2.0%)
新加坡	700,065	737,911 (+5.4%)	675,411 (-8.5%)
英國	513,430	520,855 (+1.4%)	529,505 (+1.7%)
南韓	1,083,543	1,251,047 (+15.5%)	1,243,293 (-0.6%)
澳洲	609,714	603,841 (-1.0%)	574,270 (-4.9%)
馬來西亞	649,124	589,886 (-9.1%)	544,688 (-7.7%)
其他	4,772,813	4,644,904 (-2.7%)	4,630,693 (-0.3%)
總計	54,298,804	60,838,836 (+12.0%)	59,307,596 (-2.5%)

註：
1. 數字包括經澳門到港的訪客。
2. 括弧內數字為與去年比較的變動百分比。

6. 跨境旅客流量統計數字

管制站	2013		2014		2015	
	旅客人次（百萬）	司機人次（百萬）	旅客人次（百萬）	司機人次（百萬）	旅客人次（百萬）	司機人次（百萬）
紅磡	4.45	—	4.48 (+0.7%)	—	4.22 (-5.8%)	—
羅湖	92.10	—	87.15 (-5.4%)	—	83.21 (-4.5%)	—
落馬洲支線	46.67	—	54.68 (+13.3%)	—	61.94 (+13.3%)	—
落馬洲	28.43	9.05	28.54 (+0.4%)	8.75 (-3.3%)	28.47 (-0.2%)	8.54 (-2.4%)
文錦渡*	1.17	1.58	3.69 (+215.4%)	1.70 (+7.6%)	4.00 (+8.4%)	1.73 (+1.8%)
沙頭角	3.39	0.88	3.22 (-5.0%)	0.69 (-21.6%)	3.13 (-2.8%)	0.73 (+5.8%)
深圳灣	32.45	3.81	37.21 (+14.7%)	3.76 (-1.3%)	37.69 (+1.3%)	3.84 (+2.1%)
總計	208.68	15.31	218.97 (+4.9%)	14.90 (-2.7%)	222.64 (+1.7%)	14.85 (-0.3%)

註：

1. *文錦渡管制站的旅客出入境檢查服務於2010年2月22日至2013年8月25日暫停。在暫停期間，貨車及跨境學童的出入境檢查服務並不受影響，而有關當局亦由2010年3月27日起，同時提供通關服務予乘坐指定班次的跨境巴士的過境人士。

2. 括弧內數字為與去年比較的變動百分比。

3. 由於進位原因，統計表內個別項目的數字總和可能與相應的總數略有差別。

紀律部隊
試前速查
FAST CHECK
EXAMINATION OF DISCIPLINED SERVICES

7. 已簽發的香港身份證數目

項目/ 年份	2013	2014	2015
永久性居民身份證	402,461	376,228 (-6.52%)	390,066 (+3.68%)
非永久性居民身份證	179,366	180,861 (+0.83%)	179,489 (-0.76%)
總計	581,827	557,089 (-4.25%)	569,555 (+2.24%)

8. 生死及婚姻登記服務的統計數字

a. 2013-15年登記數字

登記/ 年份	2013	2014	2015
出生^	57,623	61,290 (+6.4%)	60,803 (-0.8%)
死亡	43,399	45,710 (+5.3%)	46,757 (+2.3%)
結婚	55,398	56,392 (+1.8%)	51,447 (-8.8%)
領養	126	132 (+4.8%)	105 (-20.5%)

b. 2013-15年紀錄翻查數字

紀錄翻查/ 年份	2013	2014	2015
出生	7,599	8,274 (+8.9%)	8,371 (+1.2%)
死亡	8,602	8,297 (-3.6%)	8,763 (+5.6%)
結婚	14,030	14,490 (+3.3%)	14,775 (+2.0%)
無結婚紀錄	34,640	31,499 (-9.1%)	33,970 (+7.8%)

c. 2013-15年證書簽發數字

證書簽發/ 年份	2013	2014	2015
出生	135,874	146,772 (+8.0%)	147,701 (+0.6%)
死亡	83,833	88,795 (+5.9%)	95,143 (+7.1%)
結婚*	15,046	15,402 (+2.4%)	15,660 (+1.7%)
無結婚紀錄	22,635	19,630 (-13.3%)	21,811 (+11.1%)
領養	248	336 (+35.5%)	275 (-18.2%)

註：
1. ^不包括出生一年後才補辦的出生登記數字。
2. *不包括在婚禮中簽發的證書。
3. 括弧內數字為與去年比較的變動百分比。

9. 同意給予香港特別行政區護照持有人免簽證/ 落地簽證入境旅遊的國家和地區

1	阿爾巴尼亞	15	巴西聯邦共和國
2	安道爾	16	英屬維爾京群島
3	安圭拉	17	文萊
4	阿根廷	18	保加利亞共和國
5	阿魯巴	19	布基納法索
6	奧地利	20	布隆迪
7	巴哈馬	21	加拿大
8	巴林	22	佛得角共和國
9	比利時	23	荷蘭加勒比
10	伯利茲	24	開曼群島
11	貝寧	25	中非共和國
12	百慕達	26	智利
13	波斯尼亞和黑塞哥維那	27	哥倫比亞
14	博茨瓦納	28	庫克群島

29	克羅地亞共和國	60	印尼
30	庫拉索	61	愛爾蘭共和國
31	塞浦路斯共和國	62	以色列
32	捷克	63	意大利
33	丹麥	64	牙買加
34	吉布提	65	日本
35	多米尼克國	66	約旦
36	多米尼加共和國	67	哈薩克斯坦
37	東帝汶	68	基里巴斯
38	厄瓜多爾	69	南韓
39	埃及	70	科威特
40	愛沙尼亞	71	老撾
41	埃塞俄比亞	72	拉脫維亞
42	福克蘭群島（馬爾維納斯）	73	黎巴嫩
43	法羅群島	74	萊索托
44	斐濟群島共和國	75	列支敦士登公國
45	芬蘭	76	立陶宛
46	法國	77	盧森堡
47	法屬圭亞那	78	馬其頓共和國
48	法屬波利尼西亞	79	馬拉維共和國
49	法屬南半球和南極地區	80	馬來西亞
50	德國	81	馬爾代夫
51	直布羅陀	82	馬里
52	希臘	83	馬爾他
53	格陵蘭	84	馬提尼克島
54	格林納達	85	毛里求斯
55	瓜德羅普島	86	馬約特島
56	關島	87	墨西哥
57	圭亞那共和國	88	密克羅尼西亞（聯邦）
58	匈牙利	89	摩爾多瓦共和國
59	冰島	90	摩納哥

91	蒙古	122	斯洛伐克共和國
92	黑山	123	斯洛文尼亞共和國
93	蒙特塞拉特島	124	南非
94	摩洛哥	125	西班牙
95	納米比亞	126	聖赫勒拿
96	尼泊爾	127	聖基茨和尼維斯
97	荷蘭	128	聖盧西亞
98	新喀里多尼亞	129	聖馬丁
99	新西蘭	130	聖文森特和格林納丁斯
100	尼日爾	131	蘇里南
101	紐埃	132	瑞典
102	北馬里亞納群島	133	瑞士
103	挪威	134	坦桑尼亞
104	阿曼	135	泰國
105	帕勞	136	湯加王國
106	巴布亞新畿內亞	137	特立尼達和多巴哥
107	秘魯	138	突尼斯共和國
108	菲律賓	139	土耳其
109	波蘭	140	特克斯和凱科斯群島
110	葡萄牙	141	圖瓦盧
111	卡塔爾	142	烏干達
112	留尼旺島	143	烏克蘭
113	羅馬尼亞	144	阿拉伯聯合酋長國
114	俄羅斯	145	英國
115	盧旺達	146	烏拉圭
116	聖皮埃爾島及密克隆島	147	瓦努阿圖
117	薩摩亞	148	委內瑞拉
118	聖馬力諾	149	瓦利斯群島和富圖納群島
119	塞爾維亞	150	也門共和國
120	塞舌爾	151	贊比亞共和國
121	新加坡	152	津巴布韋

10. 執法及遣送審理部統計數字

性質／年份	2013	2014	2015
阻截人數	52,870	56,325 (+6.5%)	57,088 (+1.4%)
搜查次數	10,417	10,725 (+3.0%)	10,896 (+1.6%)
拘捕人數	6,474	6,230 (-3.8%)	7,973 (+28.0%)
羈留人數	10,123	10,045 (-0.8%)	10,972 (+9.2%)
檢控數目	5,532	4,220 (-23.7%)	4,661 (+10.5%)

遣送離境／年份	2013	2014	2015
已執行的遣送離境令數目	756	624 (-17.5%)	901 (+44.4%)
被遣返的人數	5,317	4,147 (-22.0%)	4,304 (+3.8%)
已執行的遞解離境令數目	581	350 (-39.8%)	360 (+2.9%)

註：
1. 括弧內數字為與去年比較的變動百分比。

11. 2006-2015年從內地來港的非法入境者統計數字

年份	人數
2006	3,173
2007	3,007
2008	2,368
2009	1,890
2010	2,340
2011	1,631
2012	1,286
2013	952
2014	736
2015	783

13. 部門大事

1. 職員網上稱資助組織殺警（2016年）：

2016年2月，有網民發現有人稱在facebook發帖，指若有組織殺警，每殺1個他就向該組織捐出1萬元。這名男子其後被網民「起底」，又指他任職入境處。男子一度把facebook帳戶改名，其後疑已刪除，及後更向警方報稱電腦被黑客入侵，才會發相關帖子，但經警方初步調查後，相信報案人「講大話」，以涉嫌「報假案」及「有犯罪或不誠實意圖而取用電腦」將他拘捕。

2. 職員幫無證女友出境醜聞（2016年）：

2015年1月，有報道一名年輕入境事務主任在紅磡火車站離港時，同行女友無帶身份證而被拒出境，他隨即向出境櫃台的下級出示委任證，指示對方酌情簽發文件讓女友離境。當值的高級入境事務主任雖然當場表示不滿，但最終仍批准其女友離境。

3. 古怪改名個案（2014年）：

入境事務處負責身份證改名事宜。由於只要名字不超出6個中文字及英文字母總數不超過40個，以及不可用「律師」或「醫生」等容易令公眾混淆的字眼，入境事務處一般無權反對任何合乎上述這兩項規定的改名申請，就算是申請人要求將名字更改成一些古怪字眼，入境事務處只能勸喻及建議，無權阻止，因此常常出現一些古怪的改名個案，為網民討論。早年的個案有「小小燕子」及「凌晨一吻」。之後又衍生出「激烈的海膽」、「荷蘭勁」、「屠龍麥粒花」等名稱。

4. 無視被虐負傷印傭離境（2014年）：

2014年1月，有報道指一名23歲印傭Erwiana遭僱主虐待至遍體鱗傷後，被暗中送回鄉，最終在香港機場被同鄉揭發事件。有指印傭傷痕纍纍，曾引起入境處人員注意，但仍批准她離境，入境處的處理手法受到網民非議。處長陳國基辯稱，同事當日見到Erwiana的面部有些地方較深色，但以為是皮膚病或本身膚色，沒有聯想到她可能被虐待。他又指在櫃枱時間短，不能責怪同事。

5. 「蘇卡片」事件（2009年）：

2009年4月，時任商務及經濟發展局副局長的蘇錦樑，被揭以副局長名片代替入息證明，為家中外傭向入境處申請續期留港工作，遭外界炮轟他濫權施壓，而入境處的酌情處理亦顯得不妥，立法會保安事務委員會甚至要召開會議跟進追究。最終蘇錦樑公開致歉，承認處理事件粗疏。此事以後，「蘇卡片」此一渾名從始應運而生，廣為網民使用。

14. 部門歷史

年份	月份	事件
1961	8月	成立「香港警務處入境事務部」（俗稱移民局）（人民入境事務處的前身），主要工作為執行海及空人事出入境管制，以及打擊出入境犯罪活動，並簽發旅行證件及簽證等。
1965	8月	人民入境事務處由香港警務處手中，接管在羅湖的出入境管制任務和工作。
1977	4月	與人事登記處合併
	7月	處方再接管註冊總署的出生、死亡及婚姻登記等任務。
1997		改稱「入境事務處」，而轄下的婚姻註冊處又改稱為「婚姻登記處」。 入境事務處的工作為： a. 簽發《香港特別行政區護照》 b. 游説各國給予特區護照持有人免簽證待遇的事務 c. 執行《香港基本法》關於居留權條文 入境事務處處長成為政府的主要官員之一，由行政長官提名，報請中華人民共和國中央人民政府任命。
2000	8月	大批聲稱擁有居港權的內地人士，攜帶易燃液體和打火機，到入境事務大樓要求與官員見面。示威人士期間更威脅自焚，期間情況失控及發生火災。 事件中，高級入境事務主任梁錦光和爭取居港權人士林小星被燒死，是為香港入境事務大樓縱火案。 同年，患自閉症、輕度智障及過度活躍症的15歲男童庾文翰與其母，於油麻地地鐵站（「港鐵」的前稱）乘坐地鐵回家，在登車時庾突然跳出車廂及逃離母親。其母親隨即向警察報告男童失蹤。後來男童被發現在羅湖邊境管制站，當時入境事務處職員在他身上找不到任何身份證明文件而將對方視為中國大陸人士，將其送往深圳，其後下落不明；是為「庾文翰失蹤事件」。
2004		入境事務處在香港國際機場及各口岸主要反恐據點引入容貌辨認系統，加強堵截包括恐怖分子在內的黑名單人士。 該系統利用「三維技術」，根據入境人士的面貌、輪廓及特徵，與黑名單資料庫核對後，再確定目標人物。

2013		入境事務處共執行約3萬次打擊偽證行動,成功撿獲約800本偽造旅行證件及近200張偽造智能身份證。
2015		內地有關當局停止向深圳戶籍居民簽發來港「一簽多行」的簽注,改為簽發「一周一行」的簽注。全年內地訪客入境人次為4562萬,較2014年下跌2.9%,而其他訪客的入境人次則為1368萬,較2014年下跌1.2%。 同年4月,處方在深圳灣管制站增設了具備語音輔助功能的「e-道」。
2016	1月	由1月起,英國的「登記旅客快速通關計劃」已擴展至香港特別行政區電子護照持有人,符合資格的香港旅客經英國政府的相關部門審批及繳交所需費用後,便可在英國適用的機場使用其自助出入境檢查系統辦理相關的出入境手續。 屯門客運碼頭已於1月恢復往來香港與澳門或內地的跨境客運渡輪服務

警察

1. 關於香港警務處
Hong Kong Police Force，簡稱HKPF

1. 隸屬保安局

2. 於1844年成立

3. 世上最早一批現代警察機關之一

4. 為編制最龐大的香港政府部門（佔20.2%）及紀律部隊。聯合國毒品和犯罪辦公室統計香港平均每100萬人有4,500警察，警民比例居全球第五名，僅次俄羅斯和土耳其等國家和地方。

5. 編制：

    －紀律人員：29,376名

    －文職人員：4,579名（截至2017年2月）

6. 現任處長：盧偉聰

7. 現任副處長：劉業成（行動）、周國良（管理）

警隊徽章

以下是警隊徽章的象徵意義:

- 頂部的洋紫荊圖案:代表香港特別行政區
- 兩旁的禾穗圖案:一般紀律部隊都會選用的設計
- 「香港」和「警察」的中、英文字體:標明所屬的紀律部隊
- 中心的中央的海港景色:港島五幢當代富代表性的建築物所代替─自右起為交易廣場、匯豐銀行、香港大會堂、中國銀行大廈,以及警察總部警政大樓新翼。

紀律部隊
試前速查
FAST CHECK
EXAMINATION OF DISCIPLINED SERVICES

2. 理念及使命

1. 抱負：
使香港繼續是世界上其中一個最安全及穩定的社會

2. 目標：
- 維護法紀
- 維持治安
- 防止及偵破罪案
- 保障市民生命財產
- 與市民大眾及其他機構維持緊密合作和聯繫
- 凡事悉力以赴，力求做得最好
- 維持市民對警隊的信心

3. 價值觀：
- 正直及誠實的品格
- 尊重市民及警隊成員的個人權利
- 以公正、無私和體諒的態度去處事和對人
- 承擔責任及接受問責
- 專業精神
- 致力提供優質服務達至精益求精
- 盡量配合環境的轉變
- 對內、對外均維持有效的溝通

3. 主要職責

1. 維持公安

2. 防止刑事罪及犯法行為的發生和偵查刑事罪及犯法行為

3. 防止損害生命及損毀財產

4. 拘捕一切可合法拘捕而又有足夠理由予以拘捕的人

5. 規管在公眾地方或公眾休憩地方舉行的遊行及集會

6. 管制公共大道的交通，並移去公共大道上的障礙。

7. 在公眾地方及公眾休憩地方，和公眾集會及公眾娛樂聚會舉行時維持治安；而為上述目的，任何當值警務人員在該等地方、聚會及集會對公眾開放時得免費入場；協助死因裁判官履行他在《死因裁判官條例》（第504章）之下的責任和行使他在該條例之下的權力。

8. 協助執行任何稅務、海關、衛生、保護天然資源、檢疫、入境及外國人士登記的法律

9. 協助維持香港水域治安，並於香港水域內協助強制執行海港及海事規例。

10. 執行法院發出的傳票、傳召出庭令、手令、拘押令及其他法律程序文件

11. 提交告發書及進行檢控

12. 保護無人認領及遺失的財產，並尋找其擁有人。

13. 管理及扣留流浪動物

14. 在火警中協助保護生命及財產

15. 保護公眾財產免受損失或損害

16. 在刑事法庭出席,並於有特別作出的命令時在民事法庭出席,以及維持法庭秩序。

17. 押送及看守囚犯

18. 執行法律委予警務人員的其他職責

4. 服務承諾

1. 投訴警察課：

- 於接獲投訴的2個工作日內，嘗試與投訴人聯絡，並盡可能向對方解釋有關投訴的調查程序；

- 接到投訴的1個工作日內，會發送1封認收信到投訴人報稱的地址；

- 警方如未能在2個月內完成全面調查，會去信給投訴人，說明調查仍在進行中，並解釋有關原因。此後，警方會每2個月向投訴人寄出匯報調查進展的信件，直至調查工作完成為止；

- 一旦投訴人的投訴個案被列作「有案件尚在審理中的投訴」，警方會於3個工作日內發信給投訴人，通知投訴人投訴警察課已暫停調查有關投訴，待司法程序完結後才會恢復進行調查；

- 除了「有案件尚在審理中的投訴」外，投訴警察課以在4個月內完成調查工作為目標；

- 警方在把有關檔案送呈獨立監察警方處理投訴委員會之前的3個工作日內發信給投訴人，通知投訴人調查工作已完成；及

- 對於需要進行全面調查的投訴，投訴警察課在收到獨立監察警方處理投訴委員會通過的結果後10個工作日內，會致函到投訴人報稱的地址，通知投訴人最終的調查結果。

2. 刑事部：

- 警方會對所有舉報的罪案進行調查，如有關舉報根據內部指引屬「嚴重罪案」類別，警方會每6個月將調查進度通知報案者。

- 警方會通知報案者下列事項：

- 負責處理該案件人員的姓名、職級及辦公室電話號碼；

- 有涉嫌人士就該舉報而被拘控；

- 案件完成調查後4星期內或當終止調查時通知報案者有關進展；以及

- 審訊有結果後4星期內通知報案者有關結果。

- 案件上訴期限屆滿後，警方會將曾於審訊中用作證物的財物盡快交還物主。

- 無需用作證物的財物將盡快交還物主。

a. 給予證人安心的保證

- 警方接獲報案後，會提供負責該案的主管的姓名、職級、編號及聯絡電話號碼。這些資料均會列在一張舉報紀錄卡上並交由投訴人保存。

- 如投訴人是性罪行受害人，通常會由相同性別的警務人員單獨接見。

- 警方接見16歲以下的青少年時，通常會在父母、監管人或與被接見者相同性別的成年人陪同下進行，除非安排會對司法公正造成不合理的妨礙或對其他人造成傷害。

- 如投訴人須出庭作證，案件主管在知悉聆訊日期後，會通知投訴人有關的日期、時間和地點。

- 如案中證人可能受到威嚇，警方將採取適當的保護證人措施。

- 精神上無行為能力的人，及需就性虐待、殘暴、襲擊或恐嚇傷害他人等罪行出庭作證的兒童，他們與警方的會面，可能會被錄影作呈堂之用，而將來出庭作證時，亦可能會以電視直播聯繫方式作供。

b. 領取無犯罪紀錄證明書

無犯罪紀錄證明書辦事處會在接到申請後4星期內簽發證明書。

c. 申請性罪行定罪紀錄查核

合資格申請人須在不少於1個工作天前，透過自動電話查詢系統（電話號碼：3660 7499）辦理預約申請，並親身前往警察總部警政大樓性罪行定罪紀錄查核辦事處辦理申請手續。如申請人沒有指明列表中的性罪行定罪紀錄，查核結果會於提交申請後7個工作天內上載至自動電話查詢系統。

3. 牌照課：

警務處牌照課以處理各項申請所需的時間，作為衡量服務水平的指標。至於能否達至既定目標，須視乎申請人提供的資料是否完備而定。若申請人提供的資料不足，牌照課便需較長時間處理申請。

服務/ 申請/ 通知	處理申請、簽發牌照/ 許可證所需的工作日
槍械彈藥管有權牌照	24天
槍械彈藥臨時管有權牌照	9天（以郵遞形式辦理）
	2天（親臨牌照課辦理）
豁免許可證（一般）（槍械）	24天
豁免許可證（拍攝電影或作體育用途）（槍械）	9天
槍械導師	2個月
射擊場主任	2個月
槍牌代理人	1個月
當押商牌照	26天
按摩院牌照（發出「原則上批准」通知書）	35天
臨時酒牌	12天
社團註冊	12天
舞獅/ 舞龍/ 舞麒麟許可證	14天
保安人員許可證	6天

其他服務：

- 牌照課一接獲申請書，便會向申請人發信通知已收到有關的申請，且正加以處理。

- 牌照課人員會迅速而有禮貌地解答各項電話查詢，並會表明自己的姓名。

- 辦理各類槍械經營人牌照所需的時間，將視乎每項申請和所指明的要求而定。

4. 行動部（999緊急熱線）：

項目	服務標準
接聽999電話	力求在9秒內接聽每個999來電
回應999緊急求助電話	警務處力求在既定時限內回應所有真正的999緊急求助電話。港島及九龍區的平均回應時間為9分鐘，而新界區則為15分鐘。
	回應時間的計算是由總區指揮及控制中心999控制台接報起計，直至警務人員到場為止。
有效監察	警務處會對上述服務標準進行內部監察
服務目標	全日24小時為999來電人士提供迅速及有效率的服務

5. 交通總部：

項目	服務標準
調查非致命交通意外	警方會在接到非致命交通意外報告後3個月內完成調查工作，同時將調查結果通知各有關方面。
調查有關定額罰款通知書／ 交通傳票的投訴	若市民就定額罰款通知書／ 交通傳票作出投訴，警方會在接到投訴後進行調查，並在2個月內將調查結果告知投訴人。若調查未能在兩個月內完成，相關的調查情況會以書面形式告知投訴人。
有效監察	警務處會對上述服務標準進行內部監察，同時透過各區撲滅罪行委員會作外界監察。監察結果將會每年公布。
服務目標	警務處會全力及盡速對交通事項進行公正而徹底的調查
服務目標	全日24小時為999來電人士提供迅速及有效率的服務

5. 組織架構

1. 警務處處長是警隊內部的最高負責人，其工作由2位警務處副處長協助：

a. 行動科，下設「行動處」和「刑事及保安處」2個部門

b. 管理科，下分「人事及訓練處」、「監管處」和「財務及政務及策劃處」3個部門

2. 警務處架構由下列5個部門組成（部門又可稱作「處」）：

a. 行動處（甲部門）

b. 刑事及保安處（乙部門）

c. 人事及訓練處（丙部門）

d. 監管處（丁部門）

e. 財務、政務及策劃處（戊部門）

3. 行動處（甲部門）：

• 下設行動部、支援部，負責警務處的日常行動性事務。

• 行動部的主要責任：

　－ 處理行動事務的人手事宜（包括制訂及發佈警務處有關的行動政策及指令等）

　－ 香港邊境禁區保安

　－ 統轄總部的指揮及控制中心的運作

　－ 調配警務處的行動資源

　－ 與中國人民解放軍駐香港部隊

　－ 聯絡訪問香港的軍隊等

- 支援部的主要責任：
  - 負責在多個不同政策範疇制訂政策、程序及命令等
  - 就跨部門事宜與其他香港政府部門聯絡

4. 刑事及保安處（乙部門）：

- 負責制訂警務處在刑事及保安方面的政策，及整體指揮事務。
- 下設「刑事部」和「保安部」

5. 人事及訓練處（丙部門）：

- 下設「人事部」和「香港警察學院」
- 人事部的主要責任：
  - 處理對警務人員執勤時表現的管理
  - 警務人員的職業發展
  - 調職安排
  - 薪酬
  - 晉升
  - 人力策劃
  - 招募
- 香港警察學院：
  - 前身為警察訓練學校
  - 是警務處的主要訓練培育機構
  - 負責警隊絕大部份有關訓練和進修的工作

6. 監管處（丁部門）：

- 下設「資訊系統部」和「服務質素監察部」
- 資訊系統部的主要責任：
    - 為負責轄下各課在資訊系統上擔任重要的決策角色
    - 統籌與資訊科技保安及審計、行政、財務、策劃、人事及訓練等相關事務
- 服務質素監察部的主要責任：
    - 負責推展新措施
    - 改善警隊為外在及內部顧客所提供的服務
    - 促進高效率、高效益
    - 善用資源的推廣工作

7. 財務、政務及策劃處（戊部門）：

- 下設「財務部」、「政務部」和「策劃及發展部」

A. 財務部：

- 財務部下設3個科：

a. 財務科
    - 負責提供各種必需的支援服務
    - 主要工作是控制總開支，並向各管理階層提供相關、準確而快捷的財務資料，以便有效地管理財政資源。
    - 負責管理和控制一切與警務處收支有關的財政工作事項
    - 為警隊統籌每年資源分配工作的資源分配申請

- 處理有關開支預算草案的事宜

b. 內部核數科

- 負責就屬於警隊工作範圍的活動進行獨立評估

- 查核警隊各單位的帳目

- 就一般會計程序提供意見及提出改善建議

c. 物料統籌科

- 負責採購、供應、儲存和分配製服、裝備、設備、槍械、彈藥、文具、辦公室設備、通訊設備和傢俱等工作

B. 政務部：

● 政務部轄下有2個科：

a. 人事及總務科

- 負責管理警隊文職人員，包括品行及紀律、訓練、聘任、表現管理及服務條件。

- 負責分發總部通令

- 管理警察博物館

b. 編制及文職人員關係科

- 負責處理開設和刪除常額及編外職位的事宜

- 按工作需要短暫安排職位重行調配

- 負責促進良好的文職人員關係

C. 策劃及發展部：

• 策劃及發展部的主要工作：

  － 策劃及發展新警察建築物和設施

  － 透過監察香港基礎設施發展及人口自然增長率

  － 對警務處的物業及辦公地方提出規劃

  － 監督現有警察建築物的維修及改善需要

  － 確保警察建築物得以妥善運作

  － 提高現有警察設施的運作效率

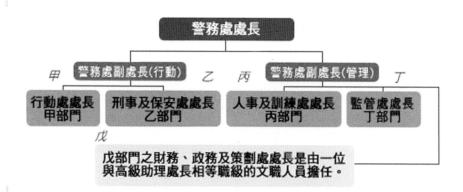

6. 職級及代號

1. 憲委級（高級警官）

中文名稱	英文名稱	簡稱
警務處處長	Commissioner of Police	CP
警務處副處長	Deputy Commissioner of Police	DCP
警務處高級助理處長	Senior Assistant Commissioner of Police	SACP
警務處助理處長	Assistant Commissioner of Police	ACP
總警司	Chief Superintendent of Police	CSP
高級警司	Senior Superintendent of Police	SSP
警司	Superintendent of Police	SP

2. 督察級（警官）

中文名稱	英文名稱	簡稱
總督察	Chief Inspector of Police	CIP
高級督察	Senior Inspector of Police	SIP
督察	Inspector of Police	IP
見習督察	Probationary Inspector of Police	PI

3. 員佐級（初級警務人員）

中文名稱	英文名稱	簡稱
警署警長	Station Sergeant	SSGT
警長	Sergeant	SGT
高級警員	Senior Police Constable	SPC

7. 歷任重要官員

1. 總裁判司

首長姓名	中文譯名	在任年份
William Caine	威廉 • 堅	1841-1844
Captain Haly	希利	1844
Captain Bruce	布思	1844

2. 警察隊長

首長姓名	中文譯名	在任年份
Charles May	查理士 • 梅理	1844-1862
William Quinn	昆賢	1862-1867
Walter Meredith Deane	田尼	1867-1892
Alexander Herman Adam Gordon	哥頓	1892-1893
Francis Henry May	梅含理	1893-1901
Francis Joseph Badeley	畢利	1901-1908

3. 香港巡警道

首長姓名	中文譯名	在任年份
Francis Joseph Badeley	畢利	1909-1913
Charles McIlvaine Messer	馬斯德	1913-1916

4. 警察司

首長姓名	中文譯名	在任年份
Charles McIlvaine Messer	馬斯德	1917-1918
Edward Dudley Corscaden Wolfe	胡樂甫	1918-1929

5. 警察總監

首長姓名	中文譯名	在任年份
Edward Dudley Corscaden Wolfe	胡樂甫	1930-1932

6. 公安局長

首長姓名	中文譯名	在任年份
Edward Dudley Corscaden Wolfe	胡樂甫	1933-1934
Thomas Henry King	經亨利	1934

7. 警務處處長

首長姓名	中文譯名	在任年份
Thomas Henry King	經亨利	1935-1940
John Pennefather-Evans	俞允時	1940-1941

8. 香港憲兵隊隊長

首長姓名	中文譯名	在任年份
—	野間憲之助	1941-1945

9. 警務處處長

首長姓名	中文譯名	在任年份
Charles Henry Sansom	辛士誠	1945-1946
Duncan William MacIntosh	麥景陶	1946—1954
Arthur Crawford Maxwell	麥士維	1953-1959
Henry Wylde Edwards Heath	伊輔	1959-1966
Edward Tyrer	戴磊華	1966-1967
Edward Caston Eates	伊達善	1967-1969
Charles Payne Sutcliffe	薛畿輔	1969-1974
Brian Francis Patrick Slevin	施禮榮	1974-1979
Robert Thomas Mitchell Henry	韓義理	1979-1985
Raymond Harry Anning	顏理國	1985-1989
李君夏	—	1989-1994
許淇安	—	1994-2001
曾蔭培	—	2001-2003
李明達	—	2003-2007

8. 各區分局

1. 全港警隊分6個總區，即：港島總區、西九龍總區、東九龍總區、新界南總區、新界北總區和水警總區。

2. 以上11個部和6個總區，均由「警務處助理處長Assistant Commissioner of Police (ACP)」職級的警務人員負責指揮。

3. 以下是各分區資料：

a. 港島總區（代號：HKI）

- 港島總區總部：灣仔軍器廠街3號堅偉大樓5樓
- 東區警區
  - 北角分區：渣華道343號
  - 柴灣分區：柴灣樂民道6號
- 灣仔警區
  - 灣仔警區總部：灣仔軍器廠街1號
  - 灣仔警署：灣仔軍器廠街1號
  - 跑馬地分區：跑馬地成和道60號
- 中區警區
  - 中區警區總部：上環中港道2號
  - 中區警署：上環中港道2號
  - 中區警察服務中心
- 西區警區
  - 西區分區：德輔道西280號

- 香港仔分區：黃竹坑道4號

- 赤柱分區：赤柱赤柱村道77號

b. 東九龍總區（代號：KE）

- 東九龍總區總部：將軍澳寶琳北路110號

- 黃大仙警區

  - 黃大仙分區：黃大仙沙田坳道2號

  - 慈雲山報案中心：慈雲山道151號

  - 西貢分區：西貢普通道1號

- 觀塘警區

  - 觀塘分區：觀塘鯉魚門道1號

  - 將軍澳分區：寶琳北路110號

- 秀茂坪警區

  - 秀茂坪分區：康寧道200號

  - 牛頭角分區：牛頭角兆業街1號

c. 西九龍總區（代號：KW）

- 西九龍總區總部：九龍城亞皆老街190號

- 油尖警區

  - 油麻地分區：油麻地友翔道3號

  - 尖沙咀分區：彌敦道213號

- 旺角警區
  - 總部及行政科：太子道西142號
  - 行動科
  - 刑事科
- 深水埗警區
  - 深水埗分區：欽州街37號A
  - 長沙灣分區：荔枝角道880號
  - 石硤尾報案中心：九龍大坑西街50號
- 九龍城警區
  - 九龍城分區：亞皆老街202號
  - 紅磡分區：公主道99號

d. 新界北總區（代號：NTN）

- 新界北總區總部：大埔安埔里6號
- 大埔警區
  - 大埔分區：大埔安埔里4號
  - 上水分區：粉嶺沙頭角道粉嶺迴旋處
- 屯門警區
  - 屯門分區：屯門杯渡路100號
  - 青山分區：屯門湖安街12號
- 元朗警區
  - 元朗分區：元朗青山道246號
  - 天水圍分區：天水圍天耀路11號

- 八鄉分區：八鄉錦田大馬路
- 邊界警區
  - 沙頭角分區：沙頭角沙頭角道石湧凹
  - 打鼓嶺分區：打鼓嶺坪輋路
  - 落馬洲分區：落馬洲落馬洲路100號
  - 羅湖警崗

e. 新界南總區（代號：NTS）

- 新界南總區總部：荃灣城門道8號
- 荃灣警區：荃灣荃景圍23至27號
- 葵青警區
  - 葵涌分區：葵涌葵涌道999號
  - 青衣分區：青衣島青衣鄉事會路13號
- 沙田警區
  - 沙田分區：沙田禾輋街1號
  - 田心分區：沙田顯徑街
  - 馬鞍山分區：沙田馬鞍山道200號
- 大嶼山警區
  - 大嶼山北分區：大嶼山順東路11號
  - 竹篙灣警崗
  - 大嶼山南分區：大嶼山嶼南路45號
  - 大嶼山南分區警署：大嶼山梅窩虎崗山1號
- 機場警區

9. 部門大事年表

1841年：1月，英國登陸香港島。2月，頒發法令指華人繼續使用《大清律例》，惟廢除一切的酷刑，非華人則遵從《英國法律》。4月，堅偉出任總理巡撫，由軍隊中抽調人手執行法例。義律於30日委任第26步兵團堅偉上尉為首席總裁判司，並且撥款建立警察隊、興建一座監獄及支付人員薪金。

1844年：成立殖民地警察隊（Colonial Police Force）——Hong Kong Police Force，同時通過首條警察法例，授抒警務人員權力執行職務。

1925年：省港大罷工，警察隊特別成立警察保護工人科。

1948年：　　　成立警察訓練學校，提高警察隊的執法與準軍事行動的能力。

1949年：警察隊開始招募女性督察，同時委任首任警察醫官，並成立警隊化驗室和警犬隊。

1950年：設立999緊急熱線，警察駕駛學校創立，香港警察樂隊成立。

1956年：10月，發生雙十暴動，警務處全體出動平亂。

1959年：特別警察後備隊與特別警察隊合併，成為香港輔助警察隊。

1961年：人民入境事務處（即現今的入境事務處）成立

1966年：交通處（即現今的運輸署）成立，主要事務亦轉交該署管理。

1967年：香港親共人士在文化大革命的影響下，展開對抗香港政府的所謂「反英抗暴」行動。由最初的罷工及示威，發展至後來的暗殺、土製炸彈放置及發動槍戰（包括沙頭角槍戰等）。事件最少造成包括10名人員殉職在內的52人死亡，包括212名人員在內的802人受傷，1,936人被檢控。

1973年： 成立皇家香港警察少年訓練學校。同年，葛柏涉貪案被揭發。

1976年： 警廉衝突發生，數以人遊行往警察總部聚會，同時請求時任處長施禮榮向政府反映問題。期間，示威人士衝進廉政公署執行處搗亂，事件一發不合收拾，逼使總督宣佈特赦才能夠平息事件。

1989年： 首任華人警務處處長李君夏履新

1992年： 成立警察搜查隊

1994年起： 處方停止招聘外籍人員，以加強本地化的步伐。

1997年： 香港主權回歸，警隊改名「香港警務處」；處長升格為政府主要官員，由行政長官提名。

2005年： 香港反對世貿遊行衝突在灣仔發生，最終警察機動部隊需要出動非殺傷性武器，包括：胡椒噴霧及催淚煙等去平息騷亂，至清晨時分開始及平靜。事件中910人被捕，造成包括60多名人員在內的近150人受傷。

2006年： 警察訓練學校升格為香港警察學院，是香港紀律部隊中唯一授予專上教育的學院。

2014年： 雨傘革命期間，警方向示威者發放催淚彈，做法備受爭議，事件更觸發長達79天的佔領行動，並延伸至旺角、銅鑼灣等地。

10. 特別隊伍

1. 警隊護送組：

- 英文：Force Escort Group，縮寫：FEG
- 前身為皇家護送隊
- 於1986年成立
- 隸屬警務處行動處行動部西九龍總區交通部執行及管制組
- 由行動處處長直接指揮
- 主要責任：

a. 交通要員保護（包括國家元首、重要人物及殉職香港公務員靈柩），國寶、武器及危險性物質等保鏢任務

b. 確保路途保安，帶領被保護對像能夠準時及順利抵達其目的地，為警務處最前線的接待角色之一，代表香港特別行政區政府以至中華人民共和國政府對被護送人士的重視及看顧。

c. 警隊護送組亦負責押解高危險性犯人

2. 中央解犯組：

- 於1997年成立
- 由西九龍總區衝鋒隊一名督察出任主管，並由一名警署警長出任副主管
- 主要責任：

a. 押解由各警區單位所拘捕的非法入境者，以及逾期居留者分別前赴上水新屋嶺扣留中心及青山灣入境事務中心

b. 押解由青山灣入境事務中心轉解予懲教署服刑完畢的非法入境者前赴新屋嶺扣留中心接受遣返程序等等。

- 小組需準確掌握時間，並預先計劃路線，同時評估交通及天氣等情況，務求於羈留時限屆滿前，以最迅速的時間安全地將犯人移交至入境事務處
- 負責點算及核對有關文件，以及保障犯人財物。
- 在大型行動中，小組亦會提供押解服務
- 小組人員需定期參與不同的訓練及演習，例如模擬醫療事故、交通意外，以及犯人逃脫等事故。

3. 要員保護組：

- 俗稱「G4」
- 於1974年成立
- 隸屬警務處刑事及保安處保安部，為準軍事化保鑣特種警察部隊
- 主要責任：
a. 執行要員保護任務，根據《國際公約》及《香港法例》
b. 確保訪問香港的「應受國際保護人物」的安全、自由，以及尊嚴受到保護。
- 由要員在香港國際機場停機坪上踏出飛機艙的一刻起，要員保護組就需要作出保護，直至要員所乘坐的飛機航班離開香港領空為止。
- 小組為國際要員保護協會會員，各亞太區執法機構在檢測其保護證人的管理效能時，皆以要員保護組作為首選的標準機構。

4. 保護證人組：

- 於1995年成立
- 隸屬警務處刑事及保安處保安部
- 是準軍事化保鑣特種警察部隊

- 主要責任：

a. 執行《證人保護計劃》，全天候保護經過風險評估後被評級受到生命威脅的證人、其家人或者案件中的其他受害人及警察臥底等等

b. 制定與證人保護事項上相關的政策

- 各亞太區執法機構在檢測其保護證人的管理效能時，皆以保護證人組作為首選的標準機構，包括馬來西亞等。

- 保護證人組在行動策略上，均受到世界多國的高度評價。

5. 特別任務連：

- 綽號「飛虎隊」

- 於1974年成立

- 隸屬警務處行動處行動部警察機動部隊總部

- 是香港第一支準軍事化特種警察部隊

- 主要責任：

a. 處理高危險性罪案、拯救人質、反恐、要員保護、偵測、搜索、執行水底（包括水底搜索、跟蹤、蒐證及潛水拯救等）、空中及特別行動

b. 於災難中提供緊急醫療服務等

11. 重要數據

數目	類別	2016年罪案數字
1	總體罪案	60,646
2	總體罪案率	825
3	總體罪案破案率	47.3%
4	暴力罪案	10,103
5	暴力罪案率	138
6	暴力罪案破案率	61.6%
7	兇殺案	28
8	各類劫案，包括：	260
	a. 持真槍劫案	-
	b. 持其他槍械劫案（電槍）	2
	c. 持類似手槍物體劫案	3
	d. 銀行劫案	3
	e. 金舖/錶行劫案	3
9	爆竊案	2,428
10	傷人及嚴重毆打	5,024
	-傷人	1,156
	-嚴重毆打	3,868
11	嚴重毒品罪行	1,712
12	刑事恐嚇	1,734
13	勒索	994
14	縱火	358
15	強姦	71
16	非禮	1,019
17	盜竊案，包括：	25,628
	a. 搶掠	207
	b. 扒竊（打荷包）	876
	c. 店舖盜竊	9,792
	d. 車內盜竊	879
	e. 雜項盜竊	12,831
	f. 失車	(433)

18	詐騙	7,260
19	刑事毀壞	5,272
20	三合會相關罪案	1,872
21	家庭暴力刑事案件	1,509
22	犯罪被捕人數	
	a. 少年罪犯（10至15歲）	1,074
	b. 青年罪犯（16至20歲）	2,292
	c. 內地非法入境者	59
	d. 旅客（內地）	1,502
	e. 旅客（其他）	2,331
23	搜獲毒品：	
	a. 海洛英（公斤）	83
	b. 大麻（公斤）	255
	c. 冰（公斤）	394
	d. K仔（公斤）	322
	e. 可卡因（公斤）	576
	f. 忘我類（粒）	1,587

2006年至2016年交通意外數字

2006年至2016年交通意外數字趨勢

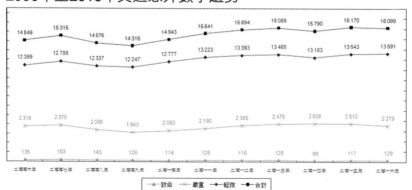

公眾活動統計數字

公眾活動統計數字

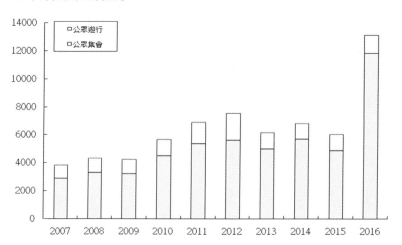

2007年至2016年公眾活動統計數字

年份	公眾遊行	公眾集會	總數
2007	9,68	2,856	3,824
2008	1,007	3,280	4,287
2009	1,017	3,205	4,222
2010	1,137	4,519	5,656
2011	1,515	5,363	6,878
2012	1,930	5,599	7,529
2013	1,179	4,987	6,166
2014	1,103	5,715	6,818
2015	1,142	4,887	6,029
2016	1,304	11,854	13,158

12. 部門新聞

1.「雙十暴動」（1956年）：

事件源於「徙置事務處」的職員移走一面中華民國國旗所致，警務處派出防暴警察及出動裝甲車，並施放催淚彈鎮壓，事件才告平息。此為香港歷史上死亡人數最高的暴動——59人，逾300人受傷，逾1,000人被拘捕。

2. 天星小輪加價事件（1966年）：

事件源於小輪公司加價，香港市民上街抗議，後來演變成為騷亂。

3. 六七暴動（1967年）：

香港左派在中共高層權鬥文化大革命的影響下，展開對抗殖民地政府的暴動：罷工、示威、暗殺、炸彈放置和槍戰。暴動期間，合共發現了1,167個炸彈，華籍警員杜雄光和外籍高級督察麥基雲，更在處理炸彈期間被炸死。

4. 警廉衝突（1977年）：

當年，警廉衝突發生，數千人遊行往警察總部集會。期間，一批激進人士衝進位於金鐘的廉政公署執行處搗亂，其中5名廉政公署職員被警務人員毆打至受傷，事件一發不合收拾，最後香港總督須宣佈特赦，才能平亂。

5. 忠信錶行械劫案（1985年）：

7名匪徒持械行劫位於尖沙咀的「忠信錶行」，期間更3度爆發警匪槍戰，雙方開火合共逾百響，犯罪集團因挾持人質，以及擁有強大軍火，

成功突破警察重圍。後來，經過多月的追捕，最終成功生擒全數7名疑犯，並起出所有槍械，並找回9成賊贓。

6. 荃灣中心槍戰（1992年）：

荃灣中心槍戰發生於當年12月，特別任務連在圍捕持械匪幫時，雙方爆發槍戰。事件中6人全數被拘捕，3名特別任務連人員受傷。

7. 青衣貨輪誤撈空投炸彈案（1995年）：

一艘貨輪於青衣外600公尺的海面上起錨時，意外撈起了一枚重500磅的美製空投炸彈。爆炸品處理課出動，耗時個半小時解除危機。是次為香港歷史上發現最大型的炸彈案件。

8. 徐步高槍擊案（2001年）：

槍擊案發生於2001年至2006年間發生的3宗涉及警員徐步高的殺人案，受社會極高度的關注。3宗案件合共造成1名警衛、2名警員殉職及徐步高本人死亡，以及1名警員嚴重受傷。事件促成軍裝巡邏小隊重新檢討其架構及指引，包括規定日後登門處理案件及晚上8時以後，徒步巡邏必須至少兩人。

9. 香港反高鐵撥款衝突（2010年）：

當年1月，近2,000名反高鐵運動示威者包圍立法會，要求與運輸及房屋局局長直接對話，最終演變成為警民衝突，造成5名警務人員受傷。

10. 6億元可卡因案（2011年）：

9月，毒品調查科於屯門藍地福亨村回收廢料貨倉內破獲香港歷史上最大宗的毒品罪行——6億元可卡因案，由特別任務連強攻進入案發現場，並且成功拘捕4男2女，其後留守現場與狙擊手隊戒備，掩護進行蒐證的同袍。另外亦於疑犯被扣留的警署及存放毒品的警務建築物一帶戒備。

11. 跑馬地2000磅炮彈發現案（2014年）：

2月，工人於灣仔麗都酒店附近一處地盤發現一枚重2,000磅的美製巨型炮彈，是香港歷史上第二大型被發現的炮彈，爆炸品處理課出動到場處理，先行疏散附近逾2,000人，再以水力磨砂切割方式，穿透炮彈身上兩處，將當中約1,000炸藥抽走，最後於翌日凌晨4時許以攝氏400度將其燃燒耗盡，至朝早7時5分完成；炮彈的兩個引信分別於清晨5時48分及6時54分被引爆。

12. 開設官方facebook專頁（2015年）：

10月，警隊facebook專頁正式面世。專頁開設後，吸引一班市民留言稱支持香港警察專頁，短短約1小時已有約4,500個「讚」，但亦有市民留言追問警方何時檢控佔中期間涉嫌將被捕示威者拖至暗角毆打的7名警員，和被傳媒拍到揮警棍毆打路人的退休警司朱經緯，更有人要求警方解釋刪改警隊網站內關於「六七暴動」的文章。

13. 部門術語

1. 與警隊職級有關的術語及背後意思

術語	背後意思
一哥	警務處處長（Commissioner of Police，CP）
二佬	警務處副處長（Deputy Commissioner of Police，DCP）
水泡	警務處助理處長（Assistant Commissioner of Police，ACP）
痴線婆／ 一拖二	總警司（Chief Superintendent of Police，CSP）
蛇蛇P／ 一拖一	高級警司（Senior Superintendent of Police，SSP）
蛇P／ 老巡／ 白帽邊	警司（Superintendent of Police，SP）
三粒花／ 總幫	總督察（Chief Inspector of Police，CIP）
兩粒一辦／ 大幫	高級督察（Senior Inspector of Police，SIP）
雷粒／ 兩粒花／ 幫辦	督察（Inspector of Police，IP）
朱粒／ 一粒花／ 幫辦仔	見習督察（Probationary Inspector of Police，PI）
亞咩／ 咩喳／ 士沙／ 雞仔餅／ 蟹蓋	警署警長（Station Sergeant，SSGT）
亞頭／ 三柴／ 柴頭／ 大柴／ 沙展	警長（Sergeant，SGT）
朱劃／ 朱柴／ 一柴／ 傷心柴／ 安慰柴／ 回力刀	高級警員（Senior Police Constable，SPC）
老散／ 散仔／ 蛋散／ PC仔	警員（Police Constable，PC）

2. 與警隊部門有關的術語及背後意思

術語	背後意思
反走私掘硯隊	反走私特遣隊
情報Four	情報科
環頭反黑組	區反三合會行動組
環頭重案組	區反重案組
環頭情報組	區反情報組
值日隊／街症部	區刑事調查隊
環頭馬／細馬	區交通隊
細Y／Vice仔／除邪隊	區特別職務隊
大馬	交通部——執行及管制組
炸彈組	爆炸品處理組
3條9車／衝鋒車／EU車	衝鋒隊
O記／零記	有組織罪案及三合會調查科
拖狗	警犬隊
行咇	巡邏小隊
藍帽子	警察機動部隊
大Q	新界北快速應變部隊
大Y／老國／國際	總區特別職務隊
地窿	鐵路區
電台／Console	總區指揮及控制中心
捕房	報案室
失蹤組	總區失蹤人口調查組
村巡隊／穿山甲	鄉村巡邏隊
SBU／小艇隊	水警小艇分區
飛虎／特警隊	特別任務連（飛虎隊）
掘硯隊／他條Force	特遣隊（Task Force Sub-unit）
扶輪社	運輸課
G4／要人保護組	要員保護組
靶場／打靶	槍械訓練科

14. 部門歷史

年份	月份	事件
1841	1月	英國登陸香港島
	2月	頒發法令指華人繼續使用《大清律例》，惟廢除一切的酷刑，非華人則遵從《英國法律》。
	4月	堅偉出任總理巡撫，由軍隊中抽調人手執行法例。義律於30日委任第26步兵團堅偉上尉為首席總裁判司，並且撥款建立警察隊、興建一座監獄及支付人員薪金。
1844	5月	成立殖民地警察隊（Colonial Police Force）——Hong Kong Police Force，並通過首條警察法例，授抒警務人員權力執行職務。
1862		政府重新組織警察隊，實施嚴明紀律制度。
1863		昆賢出任警察隊長
1869		田尼出任警察隊長。同年，香港消防處成立，並成立第一所警察語言訓練學校。
1872		警察隊開始從蘇格蘭及倫敦警務處招募歐洲人警官來到香港任職。
1880		監獄署 （即現今的懲教署） 成立，主要事務亦轉交由該署管理。此後，警察隊從本地招募更多華人人員，且從愛丁堡警隊招募蘇格蘭人來到香港擔任警官。
1893		33歲的梅含理出任警察隊長，設立了警察訓練學校。
1904		警察隊開始使用指紋識別（鑑證），為當年最先進，以及世界上最先採用此法的警察隊之一。
1923		成立刑事偵緝處
1925		省港大罷工，警察隊特別成立警察保護工人科。
1927		成立後備警隊及當年負責防暴任務的衝鋒隊
1934		亨利被委任為公安局長，為72年來首位職業警官出任警察隊首長。

1936		警察隊開始招募華籍副督察
1945	8月	日本投降，香港重光，回歸港英政府統治，外籍警官離開集中營，繼續投入警察事務。另外，於戰爭時曾經返回中國大陸的華人警員及警長紛紛回流香港報到。與此同時，警務處重新組織。
1946		新加坡警察部隊隊長麥景陶出任香港警務處處長，他向政府爭取增加各級人員的薪金、福利及待遇。同年，成立海旁搜查隊成立，以監察所有離港船隻和乘客，作為反海盜措施。
1947		成立商業罪案調查科
1948		成立警察訓練學校，提高警察隊的執法與準軍事行動的能力。
1949		警察隊開始招募女性督察，同時委任首任警察醫官，並成立警隊化驗室和警犬隊。
1950		設立999緊急熱線，警察駕駛學校創立，香港警察樂隊成立。同年，警務處出現首位化驗師，並且開始招募女性警務人員。
1954		毒品調查科成立
1956	10月	發生雙十暴動，警務處全體出動，促成兩年後成立警察訓練分遣隊（即現今的警察機動部隊）。有組織罪案及三合會調查科亦於翌年成立。
1959		特別警察後備隊與特別警察隊合併，成為香港輔助警察隊。
1961		人民入境事務處（即現今的入境事務處）成立
1966		交通處（即現今的運輸署）成立，主要事務亦轉交該署管理。
1967		香港親共人士在文化大革命的影響下，展開對抗香港政府的所謂「反英抗暴」行動。由最初的罷工及示威，發展至後來的暗殺、土製炸彈放置及發動槍戰（包括沙頭角槍戰等）。事件最少造成包括10名人員殉職在內的52人死亡，包括212名人員在內的802人受傷，1,936人被檢控。
1970		偵緝訓練學校成立
1972		爆炸品處理課成立

1973		成立皇家香港警察少年訓練學校。同年，投訴警察組（即現今的投訴及內部調查科）亦相繼設立。
	6月	葛柏涉貪案被揭發，事件直接促使獨立於警務處的總督特派廉政專員公署（即現今的廉政公署）於1年後成立。
1976		警廉衝突發生，數以人遊行往警察總部聚會，同時請求時任處長施禮榮向政府反映問題。期間，示威人士衝進廉政公署執行處搗亂，事件一發不合收拾，逼使總督宣佈特赦才能夠平息事件。
1979		警務處從英國警察服務視察組邀請來3名高級警官（俗稱為三王來朝，影射《聖經》中從東方來探訪耶穌的三位先知）到香港，全面檢討警務處的組織、警察力量調配、溝通機制及薪酬表等。
1989		首任華人警務處處長李君夏履新
1992		成立警察搜查隊，以接任原先由駐港英軍負責的反恐搜查任務。
1994年起		處方停止招聘外籍人員，以加強本地化的步伐。同年，警務處的外籍人員數目為790人。
1995		成立野外巡邏隊成立，負責邊境禁區的治安任務。同年，華人警務處處長許淇安提倡服務文化，制訂了《優質服務策略》，引進一連串新穎措施以推行、教育及加強服務。
1997		展開「顧客服務改善計劃」，將「優質服務策略」向前推進一大步。另外，為求確保服務水平與時並進，警務處亦開始定期進行相關的獨立民意調查和顧客滿意程度調查。同年，香港主權回歸，香港警隊改名「香港警務處」；處長升格為政府主要官員，由行政長官提名。
2001-2006		5年內合共發生了3宗涉及警員徐步高的殺人案，3宗案件合共造成1名警衛、2名警員殉職及徐步高本人死亡，以及1名警員嚴重受傷。事件令軍裝巡邏小隊重新檢討運作方式，包括徒步巡邏必須至少兩人。

2005		香港反對世貿遊行衝突在灣仔發生,最終警察機動部隊需要出動非殺傷性武器,包括:胡椒噴霧及催淚煙等去平息騷亂,至清晨時分開始及平靜。事件中910人被捕,造成包括60多名人員在內的近150人受傷。
2006		警察訓練學校升格為香港警察學院,是香港紀律部隊中唯一授予專上教育的學院。
2014		雨傘革命期間,警方向示威者發放催淚彈,做法備受爭議,事件更觸發長達79天的佔領行動,並延伸至旺角、銅鑼灣等地。

速查表

CHAPTER ONE　消防救護

CHAPTER TWO　懲教

CHAPTER THREE　海關

CHAPTER THREE　入境

CHAPTER FIVE　警察

CHAPTER SIX　速查表

CHAPTER ONE　消防救護
CHAPTER TWO　懲教
CHAPTER THREE　海關
CHAPTER THREE　入境
CHAPTER FIVE　警察
CHAPTER SIX　速查表

CHAPTER ONE 消防教護

CHAPTER TWO 懲教

CHAPTER THREE 海關

CHAPTER FOUR 入境

CHAPTER FIVE 警察

CHAPTER SIX 速查表

紀律部隊試前速查 FAST CHECK EXAMINATION OF DISCIPLINED SERVICES

看得喜 放不低

創出喜閱新思維

書名	紀律部隊試前速查
ISBN	978-988-78090-2-9
定價	HKD$98
出版日期	2017年7月
作者	Fong Sir
責任編輯	投考紀律部隊系列編輯部
版面設計	梁文俊
出版	文化會社有限公司
電郵	editor@culturecross.com
網址	www.culturecross.com
發行	香港聯合書刊物流有限公司
	地址：香港新界大埔汀麗路36號中華商務印刷大廈3樓
	電話：（852）2150 2100
	傳真：（852）2407 3062